10年10万キロストーリー 4

好きな一台に乗り続ける喜びと哀しみ

文＝金子浩久

写真＝三東サイ

10年10万キロストーリー　4

第1章「2006年6月〜07年4月」

第2章「1996年12月～98年2月」

第1章

「2006年6月〜07年4月」

ホンダ・アコード・インスパイア

ローバー・ミニ

ダイハツ・リーザ

ホンダ・オデッセイ

ボルボ940エステート

キャデラック・コンコース

ケイターハム・スーパーセブン

日産240SX

ユーノス・ロードスター

日産マーチ

プジョー505

似た者姉弟

鶴田晴美さんとホンダ・アコード・インスパイア（1992年型）

ローンは自然消滅

似ていない親子は珍しくないが、兄弟には必ずどこか似ているところがある。

以前に、BNR32型日産スカイラインGTS-tタイプMを7年間で11万5000km以上乗っていた茨城県在住の鶴田光浩さんと久しぶりに連絡を取り合った。

今では、GTS-tタイプMは、同じBNR32型のGT-Rに買い換えられ、ホンダ・ビートも手に入れた。GT-Rは、夢だった。結婚し、子供も生まれた。以前ほど頻繁ではないが、軽自動車の耐久レースに参戦したりして、サーキット通いは続けている。

そして、彼のお姉さんがホンダ・インスパイアで、つい先日、10万kmを超えたことを教えてくれた。インスパイアは2台目で、新車から13年間乗り続けられているそうだ。インスパイアを2台乗り継ぎ、さらに10万km走った女性とは、どんな人なのだろうか。

北関東道という新しい高速道路のインターチェンジが近くに完成し、鶴田さんの家の周辺も、ずいぶ

んと印象が変わった。緑の多さは変わらないが、たくさんの建物や店舗、商業施設などができている。

鶴田さんの家は、記憶と変わらなかった。変わったのは、車庫に停まっているスカイラインが、GT-Rになったことだろう。

「今日みたいに、弟は毎週水曜日には決まってビートに乗って行くんですよ」

おそらく鶴田さんが自分で作ったのであろう、厚手の生地でできたカバーからハミ出るようにして、GT-Rの大きなインタークーラーが顔を覗かせている。

光浩さんのお姉さん、晴美さんは病院に勤める看護婦さん。今日は、休日だ。

どうしてインスパイアを選んだのか。

「ライトがピカッとしていて、カッコ良かったからです」

えええっ⁉　そんな簡単な動機付けでクルマを買ってしまうんですかぁ。

「性能とかは、よくわからないんです」

それにしても……。

柔らかな口調に、独特の優しさが感じられる。世話をされる患者の心持ちも、きっと和むことだろう。

たしかに、インスパイアのヘッドライトユニットはカッコいい。「ピカッとしていて、カッコいい」というのは、ライトのリフレクターが細かくカットされていることを指している。

「最初のは、買って半年で追突されちゃったんですよ」

相手の軽自動車はグシャグシャにツブれてしまったが、インスパイアは軽く済んだ。

「事故ったクルマは、修理できても乗り続けるのは、イヤ」

1台目は、いわゆる〝親ローン〟で買った。返済の約束額は、月に5万円。悔しさで晴美さんがあまりに泣くのを見兼ねた父親が、保険の支払い金では足りないかなりの額を肩代わりして、２台目を買ってくれた。排気量は２ℓながら、〝3ナンバー〟専用のワイドボディだ。

「1台目のローンも、自然消滅です。ラッキーでしたね」

このホンワカした喋り方の晴美さんが泣き止まなかったのだから、家族はさぞ心配したことだろう。

モノを捨てられない

主な使い途は通勤だ。往復60kmも走る。早番と遅番があるが、ラッシュアワーの渋滞とは重ならず、約1時間で通えるのは助かっている。だが、早朝や深夜に、疲れた心身で一般道を30km、運転して帰るのは、キツい。

「残業も多いです。疲れて帰る時は、眠い。〝眠かったら、コンビニにクルマを停めて仮眠を取るんだよ〟って、弟が教えてくれた通りにしています」

居眠り運転で、一度危ない目に会っている。

晴美さんは、1台目のインスパイアに乗る前にはアコードに乗っていた。スカイラインを買った光浩さんのお下がりだ。帰宅途中の午前3時頃に、対向車線を横切って壁に激突した。

「車体が歪んじゃうほどの衝突だったんですけど、何も憶えていないんです」

話を聞けば聞くほど、看護婦の仕事が過酷なことがわかる。仮眠でも取っているのかと想像していたが、とんでもない。生死の境にある患者を措いて、休んでなんていられない。

「モノにも心があると思ってしまう方なので、乗り換えることなんて、とてもとても考えられないんです」

インスパイアは10万kmを越えたばかり。晴美さんはずっと乗り続けることしか考えていない。

「モノを捨てられないんですよ。学生時代のコンポを今でも使っていますし」

見せていただくと、昔に流行したかたちのステレオをきれいに使っている。学生時代の教科書もきちんと整理整頓されていて、感心させられた。

「お祖父ちゃんの魂が宿っているから、無事に乗り続けられているのかもしれませんね」

大好きだったお祖父さんの納骨は、家族の他のクルマではなく、どうしても自分が行いたかった。インスパイアに乗せることで弔いたかったからだ。

「勤めているのがガン病棟で、お祖父ちゃんもガンでしたから、苦しみや大変さがよくわかるんです」

インスパイアの運命は？

インスパイアはエンジン音が少し大きくなったかなと感じるぐらいで、他に大きな問題はない。車検時の費用も変わらない。まだまだ乗り続けられる。

10万kmを越えて、晴美さんも光浩さんも楽観的な気持ちでいたときに、事件は起こった。当て逃げをされたのだ。病院から帰宅しようと駐車場に行くと、インスパイアの左ヘッドライトユニットが割れ、ボンネットフードが折れ曲がり、バンパーに傷が付いている。

あまりに唐突に無惨な姿に変わり果てたインスパイアを前にして、どうしていいかわからなかった。光浩さんに緊急の指示を仰ぎ、安全を確認して運転して帰って来た。

見せてもらうと、傷は深くない。ライトバルブと反射板、ラジエーターは無傷で済んでいる。傷から類推すると、後方確認を怠ったトラックが斜めにハンドルを切りながら後退してブツけたのではないだろうか。

1日の休みでは修理に出すわけにもいかず、事件以来、そのまま乗っている。母親は、これを機に代えたらと勧めるが、光浩さんには「直せばいい」と言われた。

「弟は、どんなクルマでも長く乗り続けたい方ですからね」

晴美さんは決めかねているようだったが、たぶん乗り続けるのではないか。インスパイアは、家族と亡きお祖父さんとの絆のようなものだ。さもなければ、光浩さんがGTS-tタイプMをGT-Rに買い替えたように、現行のインスパイアか思い切ってレジェンド辺りに買い替えてしまうかもしれない。

姉と弟には、どこか似たところがあるものだ。

ホンダ・インスパイアとは？

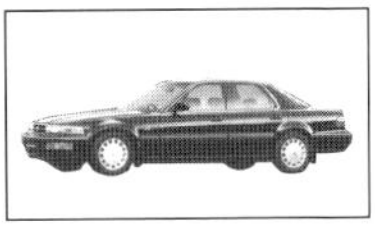

ホンダが1989年に意気込んで発表した、アコードの上級版に相当するセダン。バブル真っ盛りの頃という時代もあって、当時は、同様の高級セダンの発表が相次ぎ、三菱ディアマンテのような大ヒット作も生まれた。さすがに、技術的な冒険を恐れないホンダだけのことはあって、インスパイアはただ大きく、装備が豊富なだけの4ドアセダンには仕立て上げられなかった。世界で初めて前車軸よりも後方に（ホンダいわく「FFミドシップ」）2ℓと2.5ℓの縦置き5気筒エンジンを搭載し、前輪を駆動するという一大特徴を備えていたのである。だが、「FFミドシップ」という、いかにもカタログ映えする、理想的な重量配分（前後60対40）を実現したレイアウトに期待と注目が集まったが、結果はエンジニアの思惑通りには行かなかった。重量物を車体中心近くに搭載したことによる回頭性の良さは実現されたが、前車軸上にエンジンがないためにトラクション不足を指摘する声が少なくなかったのだ。1998年にフルモデルチェンジされた3代目には「縦置きエンジン&FFミドシップ」コンセプトは受け継がれず、エンジンは常識的に前車軸上に横向きに置かれた。

ノンビリ派のジレンマ

薄井修さんとローバー・ミニ（1995年型）

下駄代わり

コンビニのだだっ広い駐車場から電話をすると、すぐに白いルーフにダークグリーンメタリックのミニクーパーが、やって来た。

ミニクーパーの持ち主は、茨城県在住の会社員、薄井修さん（36歳）。薄井さんは、このミニクーパーに新車から11年間乗り続け、これまでに19万kmも走っている。

真新しいダンロップタイヤのサイズを見ると、径が10インチだ。10インチはオリジナルのタイヤサイズだが、薄井さんの1995年型よりずっと前の型から、たしか12インチに改められていたはずだ。

「10インチの方が見た目のバランスがいいんですよ」

ブレーキも10インチ用のロッキード社製キットに入れ替えてある。

周囲をグルグル回りながら、クルマを見せてもらう。ノーズとテールに付いていたローバーの海賊船バッジは、古いタイプの「MINI」と「COOPERS」に代えられている。フェンダーに移し替えられたミラーの取り付け穴が2個ドアに残っていて、ビスで埋められている。左側ドアのキーホール近

くの塗装が乱れている。

「車上荒らしですよ。ガラスを割ってくれた方が、（修理代が少なくて済むので）まだ良かったのに」

車上荒らしはミニクーパーのドアを鋭いものでえぐり、ドアを開け、車内の小銭や車検証などをすべて奪って行った。

左フェンダーの先端部分も、再塗装されている。ここは、自分で擦った。

「どちらも自分で直しました」

日本では、ミニをノーマルのままで乗る人が少ない。薄井さんもそのひとりで、タイヤの10インチ化やバッジ変更など、好みのカスタマイズを施している。自分で板金と塗装までこなしてしまうところが、他のミニ乗りたちとはちょっと違う。

「ミニの専門誌に紹介されるようなクルマまで欲しいとは思わないんですよ」

血統書付きのようなものや、改造に手間と時間とおカネをふんだんに掛けた〝逸品〟などに乗りたいわけではない。

「下駄代わりというより、下駄しか持っていませんから」

薄井さんは、ちょっとシニカルなユーモリストだ。

低くなければ

もともと、子供の頃から小さくて丸っこいクルマが好きで、スーパーカーブームの際も、薄井少年の好みはランボルギーニ・ミウラよりも断然ポルシェ911だった。運転免許を取って最初に買った中古のトヨタ・セリカGT‐Rに乗っている頃から、ミニのことはずっと気にはなっていた。

「あの頃は、〝GT-R〟がたくさんありましたね。コロナやファミリアにもあった。本家のスカイラインは、まだだったのに（笑）」

そう。薄井さんがセリカGT-Rを購入したのは1989年だったが、BNR32型スカイラインにGT-Rが設定されるのは、数か月後のことだ。

「その頃勤めていた会社の先輩たちに、よくツーリング旅行に誘ってもらっていたんです。先輩たちは、峠を〝ガンガン攻める派〟で、ハイペースで走り続けていましたが、僕はノンビリ派だったんです。ミニだったら、ガンガン走らなくても済むじゃないですか」

10万km走ったセリカを廃車し、薄井さんは、当時のローバー・ジャパンのディーラーからミニクーパーを買った。エアコンを装着して、総額210万円の半額は銀行ローンを組んだ。

「遠出は好きでしたから、北海道一周旅行にも行きましたよ」

距離を延ばしているのは、往復40kmの毎日の通勤だ。

「思ったほど、壊れないもんですよ」

燃料ポンプと冷却水ポンプを、それぞれ6〜7万km時に交換している。

「ふたつのポンプは、〝ミニだから壊れた〟ってことじゃないですよ」

基本設計の古いクルマならば、ミニでなくてもポンプ類は壊れやすいものだろう。

「あえて、ミニの恥部をさらすようですが、ミニって新車で買ってもだいたい一年で、フロントの車高が3cmぐらい下がるんですよ。エンジンやトランスミッションの重みに、サスペンションのゴムが耐え切れなくなってしまうんですね」

ミニが4輪のサスペンションに特徴的なラバースプリングを用いているのはよく知られるが、3cmは大袈裟でしょう。

「いや、ホント。そんなに古くはないのに、前が下がったまま走っているミニって、けっこう見かけますよ」

いわれてみれば、前輪とフェンダーとの隙間がギリギリのミニって、よく見る。と言うか、クリアランスのたっぷり空いたミニの方が珍しい。薄井さんのクーパーも例外ではなく、前輪のゴムがヘタってやっぱり3cmぐらい下がったのだそうだ。

「先輩や友人の走り屋に影響されて、下がった前輪に合わせて、ついでにハイローキットを使って後輪を同じだけ下げました。〝低くなければクルマじゃない〟とかいってね」

自分のクーパー

でも、今では元に戻してある。路面の段差やマンホールなどの凹凸で、低い位置にあるトランスミッションのオイルパンをブツけたり、助手席に乗る妻の亜矢子さんから酷くなった乗り心地に苦情が出るようになったからだ。

薄井さんに付いて行くと、もうその心配はないはずなのに、路上のマンホールや排水溝の蓋などの凹凸を見事なハンドルさばきで右に左に交わしながらクーパーを運転していく。ミニの車幅は狭いから、そうした運転でも片側一車線の道路内で収まって、ハミ出すことはない。

自宅に着くと、亜矢子さんも在宅していた。

彼女はマツダAZ-ワゴンを持っている。薄井さんが凹凸の激しい道を通って釣りに行く時には、時々、拝借している。

「彼女もクルマ好き、バイク好きなので、ミニに乗り続けることには理解があるんです」

ローバー・ミニとは?

ミニは、1959年にイギリスのBMCから発売された。56年に勃発したスエズ動乱によるイギリス国内のガソリン不足に対応して、燃費のよい小型車を作り出さねばならなかった、という背景をもって登場した。巧みな空間設計とエンジンの下にトランスミッションを配置する独特のレイアウト、前輪駆動用等速ジョイントなどの画期的な設計が施されたミニは小型車の世界を革新した。当初、オースチン・セブン、モーリス・マイナーというブランド＆車名で発売されたが、62年にミニに統一された。機敏な運動性能を持ったミニは各種のモータースポーツでも大活躍。なかでも、1964、65、67年のモンテカルロ・ラリー総合優勝は、ミニをカリスマに押し上げた。59年のF1のコンストラクターズチャンピオン、ジョンクーパーがミニに惚れ込んで仕立て上げたのが、ミニクーパー。その名は、現在のBMW-MINIにまで受け継がれている。

お世辞を言う風でなく、感謝の気持ちがこもっているように聞こえる。〝壊れてもいないのに、なんで部品を交換しなくちゃいけないの〟と、奥方の理解を得られない世のミニ乗りだって、少なくないのだ。

亜矢子さんがクーパーに理解を示すのには理由がある。彼女は、ミニショップでアルバイトをしていたことがあるのだ。ミニというのがどんなクルマで、ミニ好きというのがどんな人たちなのかを体験的に知っている。薄井さんとは、そこで知り合った。

19万km走って、最近ではいろいろなところから雑音や軋み音が増えてきた。

「もともと静かなクルマじゃないですけど、〝味〟だと思うようにしています」

クーパーには、今後もずっと乗り続けるつもりだ。ただ、あまり距離を走ると、ヤレが進行するかもしれない。たとえ修理に手こずるような故障が起きても、手元に置いておきたい。とはいえ、自分用にもう1台所有することはできない。

「ジレンマですよ。乗りたいけど、〝延命〟させたい」

走行距離の短い、程度のいいクーパーに乗り代えることも考えていない。

「いろいろな思い出が詰まっていますからね。一番は、やっぱり結婚かな。次は、ミニのクラブ活動ですね。会社以外の人と知り合えて、世界が広がりましたから。〝愛着が沸く〟という言葉がありますけど、僕も同じです」

現行のMINIは着実に数を増やしている。オリジナルミニのクーパーも、日本にはまだまだたくさん残っている。たくさんあるかもしれないけれども、奥さんや仲間との思い出が唯一のものであるように、薄井さんにとってはドアとフェンダーを自分で板金塗装した、この緑と白のクーパーだけが、自分のクーパーなのだ。思い出イコール愛。

娘のエール

松橋清人さん、桜子さんとダイハツ・リーザ（1987年型）

水とオイルの実験

見知らぬ女性から葉書をもらった。

「私の父はちょっと変わった整備士なのですが、一台のクルマに長く乗り続けています。軽自動車ですが、調子は最高です」

電話をかけてみると、愛知県在住の松橋桜子さんという女性の父親が当地で自動車整備業を営んでおり、ダイハツ・リーザに長く乗り続けているという。

地方では長く乗られる軽自動車が珍しくないが、どうしてリーザなのだろうか。

やっぱり、〝ちょっと変わった整備士〟と娘が葉書に書くような人だからこそ、リーザに乗り続けているのだろうか。

想像してばかりいても仕方がないので、会いに行った。

松橋さんのところは田園地帯の中にあった。

80-11

でも、修理工場にしては看板が古過ぎるし、第一、扉が閉まっている。建物の横にリーザの他に何台も停められているから、ここで間違いないだろう。

開いた土間の奥へ声を掛けると、松橋桜子さんとお父さんの清人さん（54歳）が現れた。清人さんは黒のTシャツにブラックジーンズ、頭には黒いバンダナを巻いてと黒づくめで若者風だ。「ガンコ者ですから」と電話で桜子さんから聞いて想像していた、見るからに怖そうで、口数の少ないガンコおやじ風とは姿と様子がずいぶんと違う。

清人さんは饒舌だ。

「実験のために、乗り続けているんです。クルマというのは、水とオイルと電気をちゃんとしてやれば長持ちするんです」

実験？

水とオイルと電気？

いったい何のことだろう。

おまけに、停まっているリーザには小さな木片のウマをかましてある。

「こうしておくと、サスペンションとエンジンマウントの負担が減るんです」

早口で話題がすぐに変わっていくから、確認しながらでないと話に付いていけない。

「お父さん、話がわかりにくくて、ダメよ」

「いやぁ、そうだな。すみません」

リーザを長持ちさせていることを、清人さんは他人に伝えたくて仕方がないようだ。

保たせる整備

〝実験〟と称しているのは、自身の理論と実践の正しさを証明させるためだった。リーザはプライベートカーであると同時に、修理見本であり、客への修理代車なのだ。

清人さんの商売の形態は、独特だ。

ペンキの色が褪せた看板を掲げた工場は何年も使われておらず、現在は一人で客の家に通って修理を行う出張修理専門の整備業を営んでいる。相手は、ごく普通の農家や一般家庭で使われる乗用車や軽自動車ばかり。

「〝保たせる整備〟では、誰にも負けないものを持っているんですよ」

具体的には、ラジエーターのウオータージャケットのフラッシングを行って溜まった水垢を取り除き、蒸留水に独自の割り合いでクーラントを配合した冷却水を作って注入する。

「エンジンの温度を一定に保つことが重要です。そのためには、ラジエーターが正しく作動することが必要なんです」

エンジンオイルはリッター8500円もする米軍基準をクリアするような高価なものを使ったりもする。

「いいオイルを使うと、エンジン回転の伸びが違いますからね」

バッテリーも重視している。標準装備のものよりも大容量のものに積み替えられている。

「カルシウムバッテリーに替えるという方法もあります。要は、一定の電圧を維持しないと燃費はよくなりませんから。エンジンパワーが出て、走りが軽くなりますよ」

ほかにも、〝保たせる整備〟はリーザに施されている。リーザはキャブレターを使っているが、燃料フィルターをインジェクション車用のものに換えてある。キャブレター用では流れ込んでしまう細かなゴミを濾すためだ。

「ゴミを吸い込むと、走りがギクシャクして、スパークプラグが減って、タイミングベルトも痛みますから」

環境を守る

リーザを前にして清人さんの話を聞いていると、なるほどと頷けてくる。整備は独学で身に付けた。

しかし、〝ぜひ乗ってみて下さい〟とリーザを運転して近所を一周して来てみると、クエスチョンマークがいくつも浮かんでくる。

たしかに、水とオイルと電気やフィルター類のメインテナンスは大事だろう。でも、現代のクルマには、エンジン制御をはじめとして多くのコンピュータが用いられているから、清人さん流ほど細かく調整しなくても済むのではないだろうか。

「コンピュータも、安定して12ボルトの電流が流れていることが大事なんですよ」

そして、大きなバッテリーは重量バランスを崩すだろうし、高価なオイルや増えた作業時間による工賃の増加などは、結果的にクルマを長持ちさせたとしても、不経済なものになってしまうのではないか。本末転倒にはならないか。

さらに、安全面での危惧がある。能動的および受動的な安全性能は、最新の軽自動車に優るものはない。今の時代には、モノを大切に使うことと技術の進歩は必ずしも相容れず、最善とは何かを断定でき

ダイハツ・リーザとは?

ダイハツが販売好調だった4代目「ミラ」を活用して1986年に発表した2ドアの2＋2クーペ。ミラのホイールベースを120mm切り詰め、屋根を小さく、丸く見せることで、実際以上に小さく可愛く見せようとしている。商用車登録の4ナンバー車と乗用の5ナンバー車があった。EFI付きのターボエンジン搭載版や3AT（4/5速MTと2速ATだけだった）、各種の特別仕様車なども多く作り、91年には軽自動車初のスパイダーまで販売したが、91年で生産終了した。
写真は、デビュー当時のリーザTS。

ない難しさがある。

「私のスズキＫｅｉも父がみています。ミッションの不具合がディーラーでは直らなくて、父が直しました」

桜子さんは清人さんを手伝っている。

「少しの手間を惜しまなければ、そのクルマの本領をもっと引き出せるし、長持ちできるんですよぉ」

失礼ながら、大いに繁盛しているようには見受けられない。

「税務署の人に、〝こんなに部品や材料を使っているのに、作業時間数が少な過ぎる〟って不思議がられたくらい、父はついついサービスで直しちゃったりするんです。経営としちゃダメですね。ハハハハハハッ」

父と娘は屈託なく笑う。

「なかなか儲からないけど、クルマを大事に乗る人が増えて欲しいですよぉ。環境を守ることに通じますからね」

清人さんにとって、〝環境を守る〟ことは他人ごとではない。桜子さんが喘息でずいぶんと苦しめられたからだ。清人さんも工場を経営していた頃にハードワークがたたって腰を悪くし、動けなくなってしまった。

ほかにいろいろ難しいこともあって、工場を再開することなく、今は娘の応援を得ながら出張修理専門でやっている。整体師やミネラルウオーター販売業への転業も試みたが、自分は整備士を続けるしかないとしがみついた。リーザを自らが理想とする状態に保つことで、清人さんは自分を確認しているように見える。桜子さんが葉書をくれたのは、そんな父親にもっと広く構えて欲しいと励ますためだろう。

風をつかまえて

篠原治男さんとホンダ・オデッセイ（1995年型）

操安に不安

気候や地形などによって発生する上昇気流を捉えて、旋回しながら空高く舞い上がり、その高度を利用してグライダーは少しでも遠くに滑空しようとする。エンジンなどの動力を持たないがゆえに、その姿は純粋である。すこしでも遠くに飛ぶためには、すこしでも空気抵抗を減らさなければならない。ピュアな造形は、神々しくさえある。

「空気の流れを相手にする一人乗りの競技用という意味では、F1マシンみたいなものですよ。ルノーかな、フェラーリかな?」

なぜか自嘲気味に言うと、篠原治男さん（55歳）はシェンプヒルト・ディスカス2を組み立て始めた。1995年型のホンダ・オデッセイを新車から11年間で23万6000km乗り続けている。

往復70kmの通勤の他、休日にはグライダーに乗ったり、教えたりするために千葉県野田市の関宿滑空場まで往復100kmを走っている。時には、栃木や茨城の滑空場までディスカス2や所属するグライダ

ークラブの他の機体を分解して専用トレーラーに収め、運ぶ。オデッセイのボディ後部には牽引のためのトレーラーヒッチが取り付けられている。

関宿から飛んで戻って来れない機体を助けに行くこともある。高度を確保できないグライダーは自力で戻れないから、どこかに着陸しなければならない。これを〝アウトランディング〟と呼ぶ。三菱アウトランダーとは関係ない。

オデッセイが特別に牽引性能に優れているわけでも、運転感覚がグライダーに似ているわけでも、もちろんない。購入を検討したときには、滑空場通いのほかに、まだ小さかった三人の子供たちとのアウトドアスポーツのために好適な一台を探した結果、選ばれた。

オデッセイの前は、リトラクタブルヘッドライトのアコードに乗っていた。

「アコードのルーフキャリアに荷物をたくさん括り付けて出かけていましたけど、ミニバンにすれば荷物も車内に積めるし、妻や子供たちにもゆったりできるのではと買い替えを決めました。石橋を叩いても渡らない性格なので、他のクルマもディーラーに試乗に行きましたよ」

日産キャラバンや三菱デリカなどと比較検討した。

「他のクルマはキャブオーバーのバンがベースだから不格好だし、操安にも不安がありました」

操縦安定性を略して〝操安〟などと呼ぶのは、篠原さんがクルマ作りのプロだからだ。

トレーラー1台と諸経費を含めたディスカス2の日本での販売価格は約1000万円。篠原さんは格別な高給取りというわけではない。ディスカス2の垂直尾翼を見ると、見慣れたウイングマークが記されている……。

お金か時間か

篠原さんは、栃木のホンダ技術研究所で4輪車のドライブシャフトやジョイントなどのテストと設計に携わっているエンジニアだった。ルノーかフェラーリかと自嘲気味に喩えた理由も、ハンガリーGPまでは、第3期ホンダF1がなかなか勝てなかったことにある。

ディスカス2はホンダ技術研究所内の「ホンダ航空研究会」に所属し、購入費は会社が「特別自己啓発費」として負担した。他にも、練習用のASK21（複座）とASK23（単座）が揃っている。いい会社だなぁ、ホンダって。篠原さんは、会社とは別のクラブの主要メンバーでもあって、そちらではメンバー同士で資金を出し合って購入したグライダーがある。

1994年に、突如としてテスト走行を行った真っ黒いホンダF1プロトタイプも、たしか〝特別自己啓発活動〟として会社から許可を受けた結果だった。

「家族でスキーやキャンプによく行っていました。北海道や東北にまで足を伸ばしたこともあります」

オデッセイは、四輪駆動で中間グレードの〝L〟を選んだ。スキーに行くためには四駆が必要で、カーナビやリモコン・ドアオープナーは不要と判断した。車内には、地図やガイドブックが何冊も載せられている。GPSや無線機が運転席と助手席の間に無造作に置かれているのが、篠原さんらしい。タイヤは、夏冬でキチンと履き替えているが、現在装着しているのは安売りで買った台湾製だ。

「距離を重ねて摩耗が進んでくると、ハンドルへの振動が増えてきました」

11年間のオデッセイは、当然のようにほぼトラブルフリーで過ごして来ている。最も大きなものはブレーキのマスターシリンダーを交換したことだった。フロントガラスに飛び石で付いた傷をそのままにしては車検が通らないので、大枚9万4000円を支払った。ほかには、10万km毎のエンジンのタイミングベルトや各種の消耗品ぐらいしか換えていない。

だから、2回目までの車検は購入したディーラーと修理工場に依頼していた車検を、3回目からはユーザー車検で済ませている。

「最初は〝恐る恐る〟だったけど、恐るに足らずということがわかって簡単ですよ。一度経験すると、工場に出すのがバカバカしくなりますね。結局は、お金を取るか、時間を取るか。どちらかだってことですよ」

よき伴侶

オデッセイの車検時期は8月初旬なので、篠原さんは7月中に2日間を割いて準備を行い、車検を通している。梅雨なのでグライダーがあまり飛べないから好都合なのだ。

「下まわりをよく洗っておくのが大事なんですよ。最近の洗車場って、安くなりましたね。ウチの方だと、一回、2,300円ですよ」

最近ではスパークプラグホールからエンジンオイルが滲み出て、同時に消耗量が多くなってきた。それにすぐに気付くのは、篠原さんが新車からのノートを付けているからだ。

「給油、走行距離、点検整備、車検などオデッセイに関する支出は何でも記入する〝エンマ帳〟ですよ」

拝見すると、細かな文字と数字がビッシリと記入されている。燃費は平均して9～10km／ℓ台なのは変わらないが、レギュラーガソリンの価格が90円から120円に上がってきていることに今さらながら驚かされる。

「ホンダに勤めていなかったとしてもオデッセイを選んでいたと思います。グライダーの機材やスポーツ用具類をたくさん積んで、家族5人が乗っても乗用車感覚で走れる点に大いに満足しています。私にとって、クルマは移動手段。その点、オデッセイは優れたクルマです。手放せない」

定年後は、500km連続滑空に再々度挑戦し、これまで以上に後進の指導を充実させていくつもりだ。学生時代から休まずグライダーを極め続け、3人の子供たちを育てあげた篠原さんには充実感が漂っている。オデッセイは、そのよき伴侶だ。60歳の定年を迎える頃には子供たちも独立するはずだ。篠原さんのことだから、そこから先の暮らしを見据えたクルマに乗っていることだろう。

ホンダ・オデッセイとは?

1994年に発表されたホンダのミニバン。「ワンボックスカーの室内空間の広さとセダンの走りと使い勝手を融合」を標榜し、大ヒットした。
当時、キャブオーバータイプの商用バンを乗用に転用したミニバンがほとんどだった状況下にあって、オデッセイはホンダの謳い文句通りの走りっぷりの良さと実用性の高さを備えていたから売れないわけがなく、3000台の月間予定販売台数は軽くクリアして、1万台以上を売り上げる月がずっと続いた。
アコードのプラットフォームやパーツを活用し、床を低く、ボディ全高も1645mmに抑えたことがポイントだった。キープコンセプトの2代目を経て、3代目オデッセイは低床化をさらに過激に追求した。

ワゴンとバンの違い

加藤雅彦さんとボルボ940エステート（1992年型）

相応の壊れ具合

メディア別の広告費で、ラジオがインターネットに抜かれて2年が経つ。

「ラジオ局は、最大限に広告が付いたとしても一日24時間しか売り物にすることができませんから、事業の多角化を図らなければなりません」

加藤雅彦さんは、在京のあるAM放送局の事業部に勤務している。事業部では、コンサートやイベントの主催や後援、番組を通じて物品を販売するラジオショッピングなどを主な業務としている。

加藤さんは、ボルボ940GLEエステートに新車から13年間で18万7000kmあまり乗り続けてきている。しかし、修理費がかさむことと突然の走行中のエンジンストップに懲りた妻の澄子さんに、乗り続けることを反対されている。

走行中にエンストが頻発する症状は、修理工場で点火系不良と診断され、プラグコードやハイテンションコードなどを交換したら、収まった。

昨年8月には、エアコンを交換。

それ以前には、15万km時にトランスミションや4輪のダンパーを交換。

都内8対郊外2の割り合いで乗っているというから、まぁ相応の壊れ具合ではないか。発進と停止を頻繁に繰り返す都内の道路は、そうした使用状況を設計に組み込んでいない（想像すらもできない）、特に古めのヨーロッパ車にはとても過酷なのだ。その辺りの事情は、加藤さんも了解している。

だが、10万km以前に経験したトラブルが、今でも加藤さんには納得がいっていない。

記録すること

8万8000kmあまりを走った頃に、首都高速でエンジンが停まった。原因はタイミングベルト切れだった。

「渋滞を作っちゃいましたから、通り過ぎるドライバーから突き刺さるような視線を浴びました。それ以来、僕は逆の立場になっても、優しい眼で見るようにしています」

悔やまれるのは、940GLEエステートは直前に車検を通したばかりだったことだ。

「ケチって、ユーザー車検で済ませたのが間違いでした。ディーラーで行っていれば、ベルト切れの予兆を事前に察知できていたかもしれないからです」

ボルボに限らず、このぐらいの年式のクルマでもタイミングベルトの交換は10万kmに一回と指定されている。加藤さんもその通りに10万km時点で交換すればよいと考えていた。ところが、無情にも切断によって16本の吸排気バルブとその周辺が激しく損傷し、シリンダーヘッドを全交換しなければならなくなった。総額61万7348円也！

修理や車検整備についての請求書や納品書などを几帳面にすべて束ねてあるファイルを、加藤さんはまるで昨日のことのように悔しそうに繰っている。

ファイルとは別に、クルマに関する支出がシステム手帳に記されている。それらのページを、透明なビニール製の同じサイズのフォルダーに収めてファイリングしている。書類を束ねたり、支出を記入している人は、少なくない。特に、一台に10年や10万km以上も乗り続けるような人は、基本的に几帳面だ。

でも、1ページずつですよ。ガソリン代や通行料金などが細かな文字と数字でびっしりと書き込まれたものが、数十ページ。ここまで、〝記録すること〟を大切にしている人は見たことがない。

「やっぱり、そうですよねぇ！（私からすれば）どうでもいいことに細かいんですよ」

澄子さんが我が意を得たりとばかりに、加藤さんの超几帳面さをあれこれと指摘する。

持ち主の几帳面さと、屋根とシャッター付きガレージによって、程度はとても良い。ところどころに小さな凹みや傷などもあるが、少し青味がかったグリーンメタリックのボディカラーが鮮やかだ。

「ここがウィークポイントなんですよ」

エンジンフードを開けて、加藤さんはラジエーターとホースのつなぎ目を指差す。樹脂にヒビが入り、クーラント液が漏れるという。

運転席側ドアのウォーターストリップも交換してある。開閉音や感触が、新車に戻った。

「ゴム製で安いから、交換をお勧めしますよ」

ワイパーブレードを小マメに交換したり、生地が擦り切れないようシートにクッションを敷いたり、先回りしていろいろと手を打っている。すべて、取り返しがつかなくなる前に講じている予防策だ。タイミングベルトの一件がよっぽどこたえているのだろう。

エンジンオイルは年に2回、バッテリーは2年に1回、必ず交換。冬を迎えれば、スタッドレスタイヤに履き替える。

一台を長く乗り続ける人のなかには、クルマを長持ちさせることと、クルマの使用目的とを本末転倒している人も珍しくないが、加藤さんは違う。940GLEエステートでなければならない使い途が多いし、自分も気に入っている。工場任せにするのではなく、できることは自分でもやる。

大いに役立つ

940GLEエステートを眺めると、角張ったスタイリングが今となっては印象的だ。

「このカクカクしたカタチが好きなんですよ。ボルボって、あくまでも実用車じゃないですか。人と荷物をたくさん乗せて、走りまわってこそのクルマです」

開口部が大きく、サスペンションやホイールハウスなどの出っ張りが小さな荷室は、この頃のボルボのワゴンの真骨頂だ。舞台に敷く、18×9mの地絣という大きな布を折り畳んで収めたこともある。

自転車を積んで家族とセカンドハウスに出かけたり、ルーフのジェットバックにスキーやスノーボードを収めて、雪山に通っている。

940GLEエステートの前は、同じボルボの740ターボ・エステートに乗っていた。その前は、日産セドリック・ワゴン。加藤さんはワゴン好きなのである。

「実家の印刷屋には、オンオフ兼用のワゴンがいつもありました。運転免許を取って、最初に運転した

940GLEエステートとは? ボルボ最後の後輪駆動シャシーを採用するセダンとワゴンが940と960シリーズ。940が4気筒、960が6気筒を搭載する。いずれのエンジンも気筒当たり4バルブを持つ。940が2.4ℓ、960は3ℓ。加藤さんが購入した1993年時の車輌本体価格は、560万円だった。940のボンネットを開けてみると、縦置きに積まれたエンジンによって、ホイールとサスペンション周辺の空間に余裕がたっぷりと生じているのがよくわかる。ハンドルがよく切れるわけである。

ボルボは、それまでずっと頑に後輪駆動のメリットを主張し、採用していたにもかかわらず、1991年に940と960に代えて主力車種に据えた850シリーズには、エンジンを横置きした前輪駆動を採用した。それ以降のボルボ各車は、前輪駆動とそこから派生した四輪駆動を採用しているので、940や960のように縦列駐車や狭い道でのUターンが一発で決まって驚かせてくれるようなことがなくなった。

のは、家の4ナンバーのスカイラインのバンでした」

すこし前まで、荷物運びのためのバンと乗用車の延長線上にあるワゴンの違いは日本ではまだよく理解されていなかった。

ボルボの他に、メルセデスなど、まだ輸入されるモデルが少なかったヨーロッパのワゴンに、若き日の加藤さんは憧れた。

「ヨーロッパの、本格的なワゴンに乗ってみたかったんです」

中古で買った740ターボエステートは、3km/ℓと燃費が極端に悪かった。

「ターボは懲りたので、940はノンターボのGLEを選びました」

最小回転半径が大きくなったのと、ボディ寸法ほどに荷室が広くないことから現行のボルボに食指は動かない。

「コンサートでもイベントでも、人やモノが動いてカタチになっていく姿を見るのは楽しいものです。電波は眼に見えませんから」

放送局に勤めながら矛盾しているようですがと前置きをしながら、加藤さんは仕事のやりがいを語った。940GLEエステートが、大いに役立つわけである。

キャディのマサが往く！

青木正次さんとキャデラック・コンコース（1998年型）

文集『耽溺』

俳優の故・殿山泰司《とのやまたいじ》は、エッセイ集をたくさん残している。ジャズやミステリー小説について評したものが多いが、特異なのが『日本女地図』と『三文役者のニッポンひとり旅』だ。前者は47都道府県別に日本全国の「女のアソコの違いをつきとめた」（まえがき）ものだ。

後者は、戦前から芝居の巡業や映画のロケで訪れた際に遊んだ全国各地の遊里遊郭跡を、現代に再訪した紀行文集である。

現代ならば、売買春の一言で断罪されかねないだろう。しかし、どこか女性を敬いながら謙虚に女色を追い求めるスタンスが、好感を抱かせる。飾ることなく自らの体験をさらけ出し、記述が具体的だから、説得力がある。

群馬県庁に勤める青木正次さん（51歳）の文集『耽溺』を一読した時に思い出したのが、殿山泰司の

群馬34
6 -31
16-05

ことだった。言いたいことを偽悪的に言い放ち、時々、文末で自らを省みた捨て台詞を残すところが似ている。

現在は、土木事務所でダムや道路建設の公共事業の土地収用を主に手がけている青木さんは、1998年型のキャデラック・コンコースに新車から13万6000km以上乗り続けている。役所へ毎日通勤する他、休日には趣味の食べ歩きのために、東京や新潟などだけではなく、遠く伊勢志摩や関西、九州にまでコンコースで足を伸ばしている。

その報告が『耽溺』の225ページに収められている。もう一冊、『マサ十九番勝負』というものもある。どちらも、内容はコンコースやそれ以前に乗っていたカマロなどで訪れた食べ物屋の感想や輸入車ディーラーでのデモカー試乗記、自動車紀行文などだ。

助手席にセールスマンを乗せたデモカーでも、関越自動車道に乗り、即座にフルスロットルをくれるのが青木さんの流儀だ。馴らし運転もソコソコの新車を、エンジン全開にされてはたまらないと懇願したり、あまりのスピードに引き攣《っ》るセールスマンの様子を面白おかしく描写して楽しんでいる。

殿山泰司ほどではないにしろ、漁色に関する記述もある。さらにもう一冊ある文集は、それについてだけでまとめられているというから、ぜひ読んでみたいものだ。

無難じゃつまらん

青木さんはアメリカ車好きで、この5月にはシボレー・コルベットを購入した。以来、二台を乗り分けている。コンコースの新車価格が614万円、コルベットが740万円。『耽溺』には6個200円の餃子屋も出てくるけど、ふたりで軽く10万円を超える「タイユバン・ロブション」をはじめとする全国のフランス料理や寿司の有名店が次から次へと出てくる。青木さんは、フレンチではフルコースにワイン、寿司屋のカウンターでは40貫は平らげる健啖家だから、それなりの勘定が記してある。失礼ながら、地方公務員の給料では足りないのではないか。

「独身なんです。だから、給料を全部好きなことに注ぎ込めるんですよ」

文章が伸び伸びしているところに、独り身をエンジョイしている様子が表れている。

それにしても、青木さんの出で立ちには驚かされた。チャコールグレイのダブルのスーツに黄緑色のシャツ。ドット柄の同系色のタイを結び、左手首には、宝石が散りばめられたゴールドの腕時計。靴は、先の尖った爬虫類革か同種の型押し。地方公務員というよりも、どちらかといえば夜のネオン街が似合うファッションだ。何を着たって、構わないんだけど。

あごヒゲをたくわえ、もみ上げも伸ばし、一見すると強面だが、話し始めると三分間に一回は笑わせてくれるような愉快な人だ。差し出された名刺には、大きく「ベティのマサ」と印刷されている。

「この前は、〝キャディのマサ〟で、その前は〝カマロのマサ〟でした。ウワハハハハハッ」

派手な出で立ちに、目立つクルマ。地味でコツコツという地方公務員のイメージの対極にある。

「自分の好みはハッキリ出さないと。無難じゃつまらないですよ」

こんな公務員に会ったのは初めてだ。

「アメ車の大らかなところ、無駄があるところが好きですね。ヨーロッパのクルマみたいに、キチキチし過ぎじゃあ、ツマんない。人間も一緒ですよ」その通り！

異議ナシ‼

掌の上で

中古の日産グロリア・2ドアハードトップから始まって、ホンダ・バラードCR・X1・5iを2台（1台はサンルーフ付き）、シボレー・カマロ・スポーツクーペ、カマロZ28と乗り継ぎ、98年にコンコースを購入した。

「〝滑るように〟ではなく、〝舐めるように〟走りますからね。ゆっくりでも、トバしてでも素晴らしいクルマですよ」

エクステリアもインテリアも濃紺のコンコースは、洗車嫌い故にピカピカというわけではない。だからといって、クタビれているようにも見えない。脂っぽさが抜けた感じが、貫禄を伴っている。助手席に乗せてもらうと、微かにアラミスの香りが漂ってきた。掌で身体に付けているから、その残り香がハンドルに移ったものだそうだ。懐かしい。

「この、端から端までダッシュボードがピューッと伸びているところがいいでしょ」

前席はベンチシート&コラムシフトだから、とてもゆったりとしている。

「ヨーロッパ車のように凝縮したスタイルじゃなくて、伸びやかにしたスタイルがいいじゃないですか」

青木さんはコンコースに惚れまくっている。

「〝大きなボディは日本の細い道には向かない〟なんて、ハンドルが軽いんだから何回も切り返しゃいいんですよ」

ちょうど昼食時だったので、青木さんお勧めのソースかつ丼を食べさせる近くの割烹「竹乃家」にコ

キャデラック・コンコースとは?

1994年に発表された新しいキャデラック。セビルとフリートウッドの中間サイズのボディを持ち、「ノーススターV8」エンジンで前輪を駆動する。駆動系は、セビルと共通する。内外の造形や足まわりのセッティングなど、ヨーロッパ志向のセビルに対して、コンコースはあくまでもアメリカ車らしさを求めている。全長5326×全幅1946×全高1422mm、ホイールベース2891mm。ノーススターV8は、4.6リッターから270psと41.5kgmを発生する。
青木さんが「タフなクルマ」と指摘している通り、実際にもノーススターV8には「limp-home」というシステムが備わっている。出先でのトラブルでラジエータークーラントを失っても、半分の4気筒に混合気の代わりに空気だけを送り込んで、エンジン全体を冷やす。4気筒ずつ30分ごとに切り替え、過熱を防いで走行を保つ。クルマが動かなくなったら生命が危険にさらされる荒野とコンクリートジャングルが広がるアメリカならではのエマージェンシーシステムだ。

ンコースで出掛ける。『マサ十九番勝負』の巻頭で、青木さんが昼のメニュー22種類すべてを食べて評価している店だ。ソースかつ丼は五つ星を与えられているだけあって、自家製ソースが染み込んだヒレかつが美味しい。

助手席の窓ガラスが開かなくなっていたり、ガソリン残量警告音が満タンでも時々鳴ったりするが、そのままにしてある。

「どっちも修理に約8万円かかるし、停まってしまうようなトラブルでもないですから」

大きな修理は、オルタネーターを2回交換したことぐらい。洗車は嫌いだが、カマロ時代から5000km毎のエンジンオイル交換と小マメなタイヤ空気圧チェックは欠かさない。

「たたずまいは繊細ですけど、長距離でも疲れないタフさがあります。〝もっと走ってごらんなさいよ!〟ってドライバーを掌の上で遊ばせてくれているようです。床上手で、何でも言うことを聞いてくれる女みたいですね」

35歳ぐらいですかね?

「36歳ですね。ワハハハハハッ」

文体だけでなく、笑い方も殿山泰司に見えてきた。

また欲しくなる幸せ

岩岡清輝さんとケイターハム・スーパーセブン（1995年型）

年相応か貫禄か

クルマ好きならば、欲しいクルマの5台や10台はすぐに挙げることができるだろう。

だが、その5台なり10台を手に入れ、乗っている間にも、欲しくなるような新しいクルマは次々と世に出て来る。だから、僕たちは、永遠に満たされることがない〝幸せな〟時間を過ごすことになるのだ。

しかし、なかには満たされた人もいる。千葉県在住の公務員、岩岡清輝さん（57歳）は、「欲しいクルマはもうない。全部乗った」と言い切るのである。飽きたわけでも、強がりを言っているのでもない。

実は、僕は岩岡さんの想いを、ずいぶん前に聞いている。以前、取材に訪れたことがあるのだ。岩岡さんは、小学生の頃に買ってもらった『世界の自動車 ,61』という朝日新聞社発行の年鑑を手元に置きながら、そこに掲載されているなかの欲しいクルマを乗り継いでいった。フォルクスワーゲン・ビートル、ローバー・ミニ1000、シトロエン2CVと乗り継いでいった。

「最後のクルマとしてスーパーセブンを予約した」と聞いたのは、12年前のことだった。納車されたの

が翌1995年。

「スーパーセブンは、本当にファン・トゥ・ドライブですよ。運転中は、ボーッと他のことなんか考えられない」

海の近くの岩岡さんのお宅を、12年ぶりに訪ねた。途中の海岸通りにはサーフショップやカフェが増え、ずいぶんと雰囲気が変わっていた。路地を曲がると、岩岡さんのお宅は記憶と変わらなかった。

ただ、ガレージに収まっていたピンク色のホンダ・シティカブリオレと2CVは、スーパーセブンともう一台に入れ替わっていた。玄関から出て来た岩岡さんは、髪型が変わり、鼻の下にヒゲをたくわえていた。再会を喜び合いながら、スーパーセブンを見せてもらう。

「車庫から鼻先だけ突き出しちゃっているから、こんなにボロくなっちゃっています」

潮風だろうか。ラジエーターグリルのネットや剥き出しのフロントサスペンションアームなどに錆びが浮いている。剥き出しのアルミのエンジンフードにも、ポツポツと小さく黒い斑点が目立つ。ノーズ先端のエンブレムも、地肌から〝7〟の文字が剥離しかかっている。気にするほど、ボロい感じはしない。むしろ、年相応とか貫禄といった方がピッタリくる。

死ぬときには一緒に

岩岡さんは、スーパーセブンをたいそう気に入っていて、役所に乗って行くこともある。

「このクルマ、役所で何て呼ばれているか、わかりますか？　バッタですよ、バッタ」

たしかにバッタに見えなくもないけれど、バッタじゃ可哀想だ。

購入してから11年目に入り、走行距離は3万6000マイル（約5万7000km）を越えた。予約をする時に、たしか息子さんと共同所有すると聞いた憶えがある。

「実際は、私がほとんど乗っちゃっています」

初めの頃こそスーパーセブンに乗っていた息子さんだったが、3ヵ月目にクラッシュさせてしまった。飛び出して来た犬を避けるために急ブレーキを踏んだところ、コントロール不能に陥った。幸い、他人も巻き込まず、大事に至らずに済んだ。運転席側のボディサイドが大きく凹み、フレームを修正した。

息子さんは、それ以後、ホンダ・インテグラ・タイプRやスバル・インプレッサWRXなどを改造して、楽しんでいるそうだ。

「両面テープでフロントガラスに貼り付けてあるルームミラーが剥がれて落ちて来たことがありますけれども、セブンは壊れませんよ」

スチール製ホイールを友人から譲り受けたアルミ製に履き替えてある。いつか取り替えるつもりで革張りシートも入手したが、表皮が滑るので、まだ替えていない。

「死ぬまで乗りたい。死ぬ時には、一緒に埋葬してもらいたいくらいです」

岩岡さんとスーパーセブンは一緒に年輪を重ねている。身体の一部のようにさえ見える。言葉の通り、ずっと乗り続けるのだろう。

だが、僕は12年ぶりに訪れた岩岡邸のガレージに、もう一台、別のクルマを見付けた。ランドローバー・ディフェンダーだ。90モデルのTdi左ハンドル。

「まさか、ディフェンダーを買っちゃうとは思わなかったですよ」

優しさとツッパリ

あれだけ、「もう欲しいクルマはない」と言っていたのに、何があったのだろう。

「白洲次郎の影響です。白洲次郎が、日本に最初にランドローバーを輸入した経緯を知って、欲しくなっちゃいました」

まぁ、たしかにランドローバーも『世界の自動車　,61』に載っているから、追加で岩岡さんは欲しくなったのかもしれない。

ならば、〝今まで乗ったクルマは全部取っておきたい〟とガレージに置いていたシティカブリオレや2CVは、どこに行ってしまったのだろうか。下取りに出したビートルが走り去って行く後ろ姿を見て涙が止まらなかった岩岡さんに、何か心変わりでも起きたのか。

「いやぁ、妻に相談したら、〝土地でも探して、車庫でも建てれば〟って、言ってくれたんですよ。でも、ディフェンダー買っちゃったから、おカネはなかった」

近くに見付けた土地と建物代を、なんと、岩岡さんの奥さんはへソクリから供出してくれた。

「妻には頭が上がらないんですよ。ハハハッ」

その車庫は、降ろしたエンジンを吊り下げられる梁も備わった、本格的なものだ。シティカブリオレと2CV、息子さんの軽トラックが納められている。

「クルマ（の趣味）が終わっちゃったから、今度はライブスチームを始めたんですよ」

ライブスチームとは、エタノールを燃やして、本物のSLと同じように蒸気で動かす鉄道模型のことだ。車庫には、精巧な模型が何台も収まっている。

ケイターハム・セブンとは？

もともとは、ロータスが製造していたプリミティブな構造の２座席スポーツカー。
1973年にロータスが生産を終了する時に、その製造販売権をロータスの有力ディーラーであったケイターハムカーズが生産設備とともに買い取って、21世紀の今日にいたるまで製造を続けている。シンプルな構成の鋼管スペースフレームにドアの切り欠きしかない、低く簡素なボディが載り、後輪を駆動する。他に削ぎ落とすものがないくらいにシンプルだから、運転感覚はダイレクトそのものだ。
長い歴史の途中では、コスワースBDAのようなレーシングエンジンを搭載した超ホットモデルも存在したが、フォードやヴォクスホールの1.6リッター４気筒程度の実用的なユニットを載せたものでも、十分以上に楽しめる。岩岡さんも指摘しているように、低い着座姿勢とダイレクトなハンドリングによる運転感覚は、他の何にも似ておらず、ドライビングに没入できる。

「小学生から、〝鉄チャン〟でしたからね」

最近は、鉄チャンぶりに拍車がかかり、中国・瀋陽近くの調平山で本物のSLを運転して来た。そういうツアーがあるのだ。

「行こうかどうしようか迷っていたら、妻が背中を押してくれました」

なんていい奥さんなのだろう。

「夫は、何をやってもすぐに凝って、集めたがるんですよ」

呆れているようでもありながら、暖かく接してくれている。そうじゃなかったら、たんまりとヘソクリなんか出してくれないだろう。

「ディフェンダーは買ってしまいましたけれども、もう欲しいクルマはありません。十分に満足しました」

そんなことを言って、また次に会った時にクルマが増えていることはないのだろうか。

「この本には、ベンツやロールスロイスも出ていて、憧れはしました。でも、われわれ貧乏人が乗ってどうするんですか」

車庫を建てずに、鉄道趣味も再開しなかったら、メルセデスや中古のロールスロイスぐらい乗れただろう。でも、あえて乗らないのが岩岡さんの優しさとツッパリなのだ。

持ち帰ってきたアメリカ

東條大介さんと日産 240SX（1992年型）

太平洋横断100ドル

目的が明確であればあるほど、旅は研ぎ澄まされていく。

1992年の8月。東條大介さん（38歳）は、アメリカのインターステイトハイウェイ40号を急いでいた。

「指定された日までに、自分のクルマをエルエー（ロスアゼルス）まで届けなければならなりませんでしたから、ラスベガス以外、途中のどこにも寄りませんでした」

当時住んでいた東海岸のワシントンDCから、西海岸のロスアンゼルスまでの最短ルートを探りながら、東條さんは友人と交代しながら運転し続けた。期日までに届けないと、横浜行きの船に日産240SXを乗せるのが間に合わなくなってしまう。メロスの気持ちになって、スロットルを踏み続けた。

船積みを終えたら、国内便でいったんワシントンDCに戻り、アパートを引き払って、日本に帰ることになっていた。留学を終え、帰国の時が来たのだ。

NISSAN

「アメリカには、中学生ぐらいから憧れを抱いていました。『レインマン』のトム・クルーズがカッコよかった」

高校卒業後、建設会社に就職。2年間働いて、貯めた資金で渡米した。ワシントンDCに住んでいた叔父さん夫妻を訪ね、そのまま彼の地の語学学校に入学。大学に通いながら、通訳や観光ガイド、日本料理店でのアルバイトに精を出して、学費と生活費を稼いだ。新車の240SXは、ローズントホールズというディーラーから1万6000ドルで買った。

「アメリカに来る直前に、日本でフェアレディZがフルモデルチェンジしました。スゴく欲しかったんですけど、〝自分はアメリカに行くんだ〟って我慢して、貯金していましたね」

クルマは大好きだった。高校を卒業後に買ったトヨタ・セリカXXに乗り、EP71スターレットでジムカーナに出たりしていた。

アメリカ東海岸のワシントンDCからパナマ運河を通過して日本に向かう船は少なく、240SXを日本に送るには運賃も高かった。だから、西海岸から船積みしなければならない。調べると、トヨタや日産の対米輸出用運搬船の帰り便を斡旋してくれる業者がいて、依頼した。ロスアンゼルスのロングビーチ港からの通関手続き代行料も含め、代金は1万ドル。1ドルが120から130円の頃だ。

Zを買うよりも

「今から思えば、あちこち見物でもしながら、エルエーまで走れば良かったんですけど、あの時は全然思い付きませんでした」

確実に240SXを送り届けるという目的が明確だったから、寄り道なんて思い付かなかったのだろう。古くは『深夜プラスワン』、最近でも『トランスポーター』のように、クルマを運転して遠くへ届けることは小説や映画の題材になるほどの一大事なのだ。

東條さんと友人はたった4泊5日間で、ロスアンゼルスまでの4300kmを走り切った。

「陸送屋みたいなもんですよ。ハハハハハハッ」

給油でしか停まらずに、夜はモーテルを見付けて、泊まった。予約が不要で、清潔で格安なモーテルが全土に点在しているから、アメリカをクルマで旅するのは気楽でいい。

都市部以外の空いたハイウェイを、だいたい時速80マイルで走っていると、燃費は11km／ℓ台だった。だが、アーカンソー州からオクラホマ州を貫くインターステイト40号線では、20km／ℓ近くまで向上した。

「緩やかな下り坂だったんでしょうね」

クルマも少なく、何十キロも直線路が続くようなアメリカのハイウェイでは、クルーズコントロールが便利に使える。240SXは5段MTにもかかわらず、装着されていた。

「高速ではストレスがなくて、気持ちいい」

ロングビーチ港を出港して約1か月後に、240SXは横浜港に到着。東條さんはワシントンDCのアパートを引き払い、成田空港で働き始めた。240SXは実績のない輸入車となるために、排気ガス検査を受けなければならなかった。実家のある埼玉県の中古車屋に作業一式を依頼し、約90万円を母親から借りて支払った。

「ワシントンDC在住の日本人の間で、『彼は、クルマを日本に持って帰ったんだって！』って、話題になっていたそうです」

当時は、船賃や排ガス検査代がべらぼうに高かったから、乗っていたクルマはアメリカで手放してくるのが、常識的だった。

「アメリカから戻る時点で、まだ1万マイルも走っていませんでしたし、とても気に入っていました。帰って来てフェアレディZを買うよりも、自分の240SXを持って帰って乗りたい気持ちが強かったですから」

ボコボコボコと

1992年9月に帰国した東條さんには、夢があった。自分のパン屋を開業することだ。

「アメリカでは、デリで作ってくれるサンドイッチが美味いんですね。パンの種類、具、何を塗るか、それぞれ選んで、はさんでくれる。そんなパン屋をやりたかった」

東條さんの行動は素早い。空港の仕事を辞め、2000年から、千葉県東金市のパン屋に修行に入った。

「そこの社長から、『29歳から来るんじゃ、遅過ぎるよ』って言われました。でも、目的は独立することだったから、2年間働いて、泥棒のように素早く技術を身に付けました」

開店資金の融資を申請するために、銀行や国民金融公庫も、240SXで回った。半年間、準備に費やし、最後は内装のペンキ塗りまで自分でやった。

「ベーカリー・ベセスダ」は、2002年8月、千葉市若葉区貝塚町にオープン。BETHESDAとは、

日産 240SX とは？

240SX は、180SX の対米輸出版。ワンエイティは、日本では 1989 年に後輪駆動２ドアクーペとして発売された、シルビア（88 年発売）の兄弟車である。シルビアがノッチバックボディ＋1.8 リッター４気筒ノンターボ（CA18DE）もしくはターボ（CA18DET）と２種類のエンジンを搭載していたのに対して、180SX はテールゲート付きのハッチバックボディにターボエンジンのみの設定だった。
240SX は、その 180SX に４気筒 2.4ℓ のノンターボ（KA24）を積む。180 と 240、どちらの SX も、外観上の特徴となっているのがリトラクタブルヘッドランプ。SX は、ボディ全長がシルビアより 70mm 長いが、シャシーやサスペンション、インテリアの造形などにいたるまで、両車は共通している。
国内では、シルビア、180SX とも、91 年にマイナーチェンジを受け、エンジンが２ℓ（SR20DET）に変更された。シルビアは、93 年にフルモデルチェンジを受けて新型に移行したが、180SX は 98 年まで生産された。

東條さんが住んでいたワシントンDCの街の名前だ。

２４０ＳＸは、基本的にノートラブルだが、ブレーキマスターシリンダーやオイルパンシールを交換している。また、当時としても時代遅れになりつつあったカセットデッキが、あまり利用しないが故に故障した。他に、動かなくなってしまうようなトラブルはなかった。

このままずっと乗り続けたいと考えていた東條さんを、ヒョウが襲った。豹ではなく、雹。２００６年5月に実家の近くを走っていたら、いきなり雹が降ってきた。

「〝ボコボコボコ〟っていう音ともに、10分間ぐらい雹に降られました。フロントガラスが割れ、全身、パチンコ玉大の凹みだらけでしたよ」

帰国時から世話になっている、芝山町の「カーボディ大木」で板金塗装を行い、ピカピカに戻った。

「まだまだ、乗り続けますよ」

ベセスダの経営も順調のようで、取材にお邪魔した日も、定休日を知らずに訪れる客が、何人もいた。１８９円のまぐろステーキサンドが特に評判で、すぐに売り切れてしまう。

「クルマを買いに行ったような長い旅でした」

東條さんはちょっと自嘲気味に語るが、アメリカから持ち帰ったのは２４０ＳＸだけでなく、自らが打ち込むべき仕事も見付けて来た。憧れと夢を実現し、今は毎日朝4時起きで奥さんとふたりで頑張っている。

学者の動物的愛情

岡野章一さんとユーノス・ロードスター（1993年型）

裏目に出た頼みごと

1年4ヵ月にわたる南極での研究生活から日本に戻ったら、岡野章一さん（59歳）は8年12万kmあまり乗り続けているユーノス・ロードスターを買い替えるつもりでいた。

大学の教員から国立極地研究所へ転任し、太陽系惑星とオーロラを観測するために第39次南極地域観測隊員として観測船〝しらせ〟に乗り込んだ。給料は研究所から支払われ、それには越冬手当が付く。

「昔は、〝家が建つくらい〟もらえると言われていましたが、私の頃には〝クルマが買える〟くらいになっていました」

それでも、昭和基地での生活では衣食住すべてが賄われるから、隊員はカネを遣うことがない。雪と氷の中で、岡野さんは買い替えるクルマを皮算用していた。

「モーガンやアウディA3ぐらいなら買えるかもしれないので、日本からファクシミリで資料を送ってもらったりして、真剣に検討していました」

宮城54
・716
79-11

しかし、1年4ヵ月ぶりに日本に戻ってみると、目論見は外れた。越冬手当の使い途は子供の進学資金がまず第一、と奥さんに反対されてしまったのだ。

マニュアルトランスミッションの運転に慣れていない奥さんだったが、南極出張中にロードスターのコンディションを悪化させないため、せめてガレージから門までの短い距離でかまわないから前進とバックを繰り返しておいてくれと頼んだのも、裏目に出た。ロードスターのコンディションが悪くなく、買い替える理由がないことを理解させてしまったのだ。

自分でやりたいくらい

買い換えを断念する代わりに、岡野さんはロードスターを徹底的に整備することにした。エンジン、サスペンション、ボディなど、14万km走行したすべてをオーバーホールすると決めた。

まず、着手したのが整備リストだった。工場の担当者に渡したコピーが残されていて、これが徹底している。エンジン部分の項目が多い。ベルト類、オイルや冷却水のポンプ、マウントまで要交換と記されている。コンロッドやクランクのメタルまで交換を指示しているのを見直して、岡野さんは「やりすぎだったかもしれませんね」と苦笑する。

吸排気バルブとヘッドの接触面を研磨すると効果があると教えてくれたのは、南極で一緒だったいすゞのエンジニアだった。10数台のトラックや大中小20台以上の雪上車のキャタピラとエンジンがいすゞ製であるために、エンジニアが派遣されて来ていた。

ロードスター整備計画は数枚にわたっていて、オーバーホール項目はエンジン以下、オルタネーター、クラッチ、前後ダンパー、ホイールアライメント、外装関係と続く。最後には、注意書きが加えられている。

「交換した旧い部品を見せていただきたい」

「オーバーホール前と後の（気筒内）コンプレッション値を記録していただきたい」

「今の使い方で14万km走行の結果がどう現れているか知りたいためです」

「不明点などありましたら、電話連絡下さい」

複数の仕事場と自宅と携帯電話、すべての電話番号が曜日別に記されている。整備状況が気になってしょうがなかった。

「できれば、自分で全部やりたいくらいですから、工場から問い合わせがなくても、ちょくちょく覗きに行っていました」

あえて1・6ℓ

本人の自覚通り、やり過ぎだったかもしれないが、23万km近く走った現在も、調子は上々だ。黒いボディカラーには細かな擦り傷などがなく、艶やか。だが、リアフェンダーとドアの間のサイドシルが急所らしく、錆びた。左側は地元のショップ「パドックパス」で板金修理したが、右側もいずれやらなければならないだろう。

「パーツの供給が心配です」

2005年にアイドリング不整が起こって、コンピュータ交換が必要になった。マツダのディーラーは在庫を持っておらず、全国を探して5個しか存在していないうちのひとつと交換した。06年には、ラジエーターとウォーターポンプも換えた。

「プリンセスは1968年型ですけど、心配はありません」

〝趣味のクルマ〟として3年半前に購入したヴァンデンプラ・プリンセスのように、ロードスターもそのうちにクラシックの仲間入りをすれば、第三者の業者がパーツ製造に乗り出すと楽観的に構えることもできる。インターネットが国内外からのパーツ購入を容易にしたし、世界中の人たちから愛玩されているロードスターはそれに値するクルマだろう。

岡野さんがロードスターを購入した93年7月には、大型の1・8ℓエンジンを搭載した2代目がじきにデビューすることが明らかにされていた。どちらを買うべきか迷った岡野さんは、マツダから大分大学へ転職した初代開発担当者の平井敏彦氏の研究室に電話をかけた。面識があったわけではない。機能を損なわずに、軽く、丈夫に作ることに腐心したという平井氏の受話器越しの説明に共感した岡野さんは、あえて、間もなく旧型になる1・6ℓを購入。そして、すぐに報告とお礼の手紙を平井氏に送った。

南極ではオーロラ観測用機材を据え付け、ハワイ・マウイ島のハレアカラ火山には天文台を設営している。クルマと光学機器の違いはあっても、軽量化と剛性確保とコストの両立の難しさを知っている。

「初代を選んだのは、最初に作られたときのスピリットを大事にしたかったからです」

岡野さんは学者らしく冷静だが、それに反するかのように初代を選んだ。

「情緒的な判断ですね」

資金を蓄えてから2代目に買い替えるという選択もあったはずだ。でも、岡野さんは万全を尽くしなから、乗り続けている。

「今まで、観測や観測用機材の設置などのために、世界中でいろいろなクルマに乗ってきましたが、こんなに自分にピッタリのクルマはありませんでした。実用に使っていますが、運転が楽しいし、自然の様子がよくわかる」

ロードスター購入前、海外での激務が祟って体調を崩し、帰国後に入院したことがあった。親友でもある医師が看てくれた。

「欲しがっている、そのオープンカーを買えば、元気になるかもしれないよ」

冗談半分だったんですよ、と奥さんは笑っているが岡野さんは大マジメだ。

「それ以来、元気になったんだから」

アメリカ赴任中の70年代から大ヒットを続けているホンダ・アコードも何台か、長く乗り続けたが、ここまで手を入れて面倒を見るつもりにはならないという。

「アコードよりも遅くて、うるさくて、寒いけれども、動物的愛情を感じます」

ユーノス・ロードスターは、地球物理学者の合理的な判断さえも覆すほどの磁力を備えたクルマだった。


ユーノス•ロードスターとは？

1989年に発売された、マツダのライトウェイト・スポーツカー。主にアメリカの安全規制の強化に伴って絶滅しかかっていたオープン2シーターが復活し、瞬く間に世界的な大ヒットを記録した。その様子を他メーカーが黙って見逃すはずはなく、ポルシェにさえボクスターの製品化を急がせたほど影響力が大きかった。
当初、ベテランのマニアからは、「1960年代のMGやトライアンフ、ヒーレーなどの焼き直し」と揶揄されたが、どうしてこちらだって、もう17年間に2回のフルモデルチェンジを行い、膨大な台数を作り続けている。もう、出自を云々する人はいない。
ちなみに、岡野さんのロードスターは「Sスペシャル」というスポーティ版。スタンダード版との違いは、硬められたサスペンション・スプリング、ビルシュタイン・ダンパー、前輪のストラットタワーバー、ナルディのステアリングホイールとシフトノブ、BBSホイール、スカッフプレート、ドアに設けられたコーナリング時の膝パッドなどが装備される。

軽さと軽み

鹿間秀彦さんと日産マーチ（2003年型）

5台目のマーチ

家電製品や携帯電話機などは、もともと日本のメーカーが得意とする分野だった。それが、韓国のメーカーに追い上げられ、サムスンなどは欧米市場では一大ブランドにまで成長している。

「日本のメーカーも、ウカウカしていられませんよ」

埼玉県在住の鹿間秀彦さん（45歳）は、次世代DVDプレーヤーやデジタルカメラの手ぶれ防止ユニットに使われるリニアアクチュエータなどを開発する会社に勤めている。

相手先のメーカーの要求を自社のエンジニアとともに聞き、製品となるまでに開発プロジェクトを進行管理し、最終的に製品にまとめあげていくのが鹿間さんの役割だ。

日本全国に散らばるクライアントの工場や研究所、オフィスなどと都内の自社オフィスとの間を自らの日産マーチで駆け回っている。

ここ数年は特に忙しく、年間走行距離が5万km以上にも上っている。タクシー以上のペースだ。

5万kmで驚いていてはいけない。それ以上に驚かされるのが、このマーチは鹿間さんにとって5台目のマーチだということだ。

マーチのどこが、そんなにいいのだろう？

もちろん、マーチは会社から支給されたものではない。好きで自分が買い続けている。

さらに、妻の洋子さんはマーチが嫌いで、ボルボV70に乗っている。V70は2台目で、それ以前は、ボルボ850、シボレー・アストロ、キャデラック・フリートウッド・エレガンス、ビュイック・パークアベニュー、ビュイック・リーガルワゴンと大きな輸入車ばかりに乗り続けている。

仕事で3人以上プラス荷物を運ばなければならない時は、鹿間さんは仕方なく洋子さんのV70を借りて出かけるが、そうでなければ、どこへでもマーチで行く。夫婦や家族で出かけるときは、マーチならば鹿間さんが、V70ならば洋子さんが運転し、入れ替わることはない。

銀→黒→銀

最初から、そうだったわけではない。結婚当初はトヨタ・ランドクルーザー60を2台、日産テラノにも乗った。

「ランクルのデカさが好きだったんですが、妻用に買ったマーチ・キャンバストップに乗るうちに、小さなクルマがだんだんと好きになっていきました」

学生時代に、貯めたアルバイト代20万円で中古のマーキュリー・ゼファーを買ったくらい、本来は大きなクルマが好きだった鹿間さんにとって、小さなマーチ・キャンバストップは新鮮だった。

エアコンが壊れたことで、キャンバストップを、ミニ1300メイフェアに買い替えた。

「ずっと作り続けられ、ファンも多いミニには、小さなクルマの魅力が詰まっているだろうと期待しましたが、ダメでしたね」

最新の小さなクルマならば、とオペル・ヴィータに代えてみたが、ピンと来なかった。

「2台とも、1年保ちませんでしたから。どっちも、〝重い〟感じなんですよ。しっかりし過ぎている」

重量の数値の問題ではない。ミニやヴィータからは、運転した時に重い感じを受けるという。平均スピードの高いヨーロッパの小型車だから、安定感はあるはずだ。

「そう！　ヨーロッパで乗るんだったら、ちょうどいい。マーチの軽さが好きなんです」

たしかに、マーチなどの日本の小型車のステアリングやスロットル&ブレーキ・ペダルなどの操作感は、軽い。

「軽いだけじゃなくて、滑らかなんですよね。乗ってたキャデラックやビュイックなどとも共通しています。クルマの大きさとは関係なく、スーッて走る感じ」

フリートウッド・エレガンスやパークアベニューなどのアメリカの大型車が柔らかく、滑らかに走るのに対して、V70のようなヨーロッパ車はドッシリと構えて、重厚に走る。

〝軽さ〟、〝軽み〟。

ヴィータの次のマーチ・カブリオレも、ボディ補強で重量が増加し、同時にハンドルも重くなってしまったために、半年で買い替えてしまった。続いて、銀→黒→銀と乗り継ぎ、今にいたっている。黒のマーチに乗っていた時に香港へ4年半、家族とともに海外駐在。黒マーチは、母親に譲り、帰国した2003年に現在の銀マーチ14eを購入した。

マーチとの関係

ヴィッツやフィットは、どうなのだろうか？

「ボディ全幅が、ヴィッツは1695㎜、フィットは1675㎜もあります。マーチは、1660㎜しかない。この違いが、大きいんですよ」

タワーパーキングや都内の狭い駐車場をよく利用する鹿間さんにとって、ボディ幅が無駄に広いのは困るのだ。

都内のオフィスで朝8時30分から会議が行われる時には、自宅を5時に出発する。6時過ぎに到着してしまうが、5時より遅くに家を出ていては、渋滞につかまって遅刻する。仕方なく、オフィス近くの100円パーキングなどで仮眠を取って、時間調整。だから、会社近くのコンビニや公衆トイレの場所には詳しい。1660㎜の全幅でも、ゆったりと仮眠が取れるのだから、ボディが大きくなることはどうしても避けてもらいたいと切に願っている。

「会議だけでなく、クライアントとの打ち合わせ、会社に帰ってからのエンジニアとのやり取りなど、私の仕事は誰かと顔を突き合わせ、ものごとを進行させていくことの連続です。だから、ひとりでマーチを運転している時には、ホッとします」

東北のクライアントに出張した帰りなど、高速道路で一気に帰って来るのではなく、深夜の国道をゆっくり走って帰って来たりする。

「V70だったら、躊躇せずに高速道路に乗っていますけどね」

日産マーチとは？

日産の乗用車ラインナップのボトムレンジを担うコンパクトカー。鹿間さんの乗るギョロ目マーチは3代目。本文中にもあるように、ライバルはトヨタ・ヴィッツとホンダ・フィットで、ヨーロッパでも「マイクラ」名で、「ヤリス」（ヴィッツ）「ジャズ」（フィット）と競い合っている。国内においては、軽自動車以外で最も小さな乗用車のカテゴリーとなり、多くの台数が販売されている。ユーザーの要求は厳しく、熾烈な開発と販売合戦が繰り広げられている。日産は、マーチに個性的なスタイリングを与え、必要以上に大きくしないボディサイズや最小回転半径を旧型よりも20cm小さくしたりして、運転しやすさを向上させた。内外装色を豊富にし、安全装備の充実などもライバルへのアドバンテージとなっている。

まったくのトラブルフリーというのも、マーチへの全面的な信頼の理由だ。

「次のモデルチェンジで、1・5ℓエンジンにCVTを組み合わせ、ボディサイズを変えないでいてくれれば、必ず買い替えます。仕事にも、プライベートにも、クルマをクルマらしくどんどん走らせたいですからね。近所のコイン洗車場が繁盛しているのですが、私には理解できません」

家電製品とクルマでは事情が異なりますがと前置きしながらも、鹿間さんはクルマをクルマらしく走らせられない社会は、やがてつまらないクルマしか作れなくなるだろうと危惧している。

とはいっても、鹿間さんはいつも眉間にシワを寄せているような人ではない。3世代家族の大黒柱として、あるいは会社の中心人物として背負うものも重かろうが、さっぱりとしていて、それを感じさせない。

10万km以上走り続けている人には珍しく、マーチの整備記録の類も保存していなければ、一緒に撮った写真もない。マーチが好きだから5台も乗り続けたのだが、猫っ可愛がりしたりせずに、ばんばん乗り尽くしている。マーチの軽さが好きだと言ったけれども、鹿間さんとマーチの関係も爽やかな軽みのあるものだった。

Peugeot 505　18年／9万3000km

093000km

寄り道のススメ

神谷知和さんとプジョー505（1987年型）

三代目のクルマ

東京江東区の東京都現代美術館からの帰り道、来る時と違った路地から駅に戻ってみた。この辺りには、真新しいマンションやビルの間に昔からの家や建物が残っていて、眼を楽しませてくれる。なんといったって深川だ。十手を差した人形佐七や銭形平次が現れることはないけど、街並みに情緒が溢れている。

大きな建物の半地下駐車場入り口に、見慣れたクルマがこちらを向いて停まっている。プジョー505だ。半分は植木に隠れているが、好きで11年間乗っていたことがあるから間違いない。

近付くと、色まで同じだ。ボディのあちこちに細かな擦り傷があるところまで似ている。

失礼を省みず、額に掌をかざして窓ガラス越しに運転席を覗き込むと、自分のとはダッシュボードの色が違っていた。こっちはボディカラーとコーディネイトされた青だ。ついでに積算計を見れば、9万3000kmあまり。どんな人が乗っているのだろうか。

他人様のクルマのまわりをウロチョロするのも、と離れた瞬間、勝手口に手書きの張り紙が見えた。

足立33
て71-78

「御用の方は、お電話下さい→つけ神」

つけ神？

宗教関係？

建物の正面に回ってみると、「つけ神」という漬け物屋だった。店舗は見当たらず、事務所のようだ。電話を掛けてみると、505GTIは「社長の息子のクルマ」と従業員が教えてくれた。何度か電話を掛け、持ち主である神谷知和さん（46歳）に会うことができた。神谷さんは505GTIを1987年に新車で購入して以来、メーターの通り、これまで9万3000km乗り続けている。

つけ神は神谷さんのお祖父さんが戦前に始めた漬け物屋で、現在は錦糸町の駅ビルに小売店を構えて営業している。製造は、505GTIが停まっていた建物の奥で行われている。神谷さんは三代目として、製造から販売まですべてをこなしている。

「だから、休みが全然取れなくて、あまりこのクルマにも乗れていないんですよ」

憧れの欧州車

神谷さんの505GTIに乗せてもらうと、昔の記憶が鮮明に蘇ってくる。広い車内、見晴らしの良いドライビングポジション、フカフカだが、しっかりと腰のあるシート。柔らかな乗り心地と、機敏な身のこなし。ストロークの大きな、昔風の操作ボタンやスイッチ類。ダッシュボードの色以外、すべてが自分の505GTIと一緒だ。神谷さんにとって、505GTIは自身にとって2台目のクルマだ。

1台目は、1981年に買った日産スカイラインGT‐ES。

「昔はウチにクルマがたくさんあったんですよ。祖父のクラウン、父のブルーバードSSSやファミリア、配達用のダイハツの3輪車もありました」

18歳で運転免許を取った神谷さんは、しばらく家にあるクルマを運転していた。大学卒業後、家業を継いだが、クルマは父親が買い替えたグロリアに乗っていた。

「その頃、ウチの会社は大きかったんです。漬け物だけじゃなくて、いろんな食品をダイエーに卸していましたから」

往時のダイエーに卸してたといったら、相当なビッグビジネスだったことだろう。

「若い衆が一杯いましてね。彼らが読む週刊プレイボーイのヌードグラビアの裏に、よくクルマの写真が出ていたんですよ。当時は、アメ車に人気があって、サンダーバードやポンティアックGTOなんかがよく出ていました。私は、コルベット・スティングレーが一番好きでしたね」

そんな神谷さんも、クルマ好きの友人の影響から、『カーグラフィック』を購読するようになる。いやでも、ヨーロッパ車が気になってくる。スカイラインに乗りながら、ヨーロッパ車への憧れのようなものが少しづつ芽生えていった。友人は、シトロエンBXを買った。『カーグラフィック』には、BMW520、シトロエンCX、サーブ900、505GTIの比較テストが掲載され、505GTIの評価が最も高かった。結局、その記事がキッカケとなって、87年に購入した。その前年に結婚し、娘が生まれた直後に505GTIが納車。

「自分がガイシャに乗るなんて、考えてもみませんでしたけどね」

神谷さんは、淡々と505GTIについて語る。この人、本当に505GTIが好きなのだろうかと訝ってしまうほど、必要最小限のことしかしゃべらない。一台のクルマに長く乗り続けている人というのは、だいたい、饒舌なものなのだが。

「スカイラインと較べて、ボディサイズの割に中が広いのに驚きました。それに、運転しやすかった」

寡黙のわけ

買って3ヶ月目くらいにファンベルトが切れてオーバーヒート寸前でエンジンを冷まし冷まし帰って来たのが、一番大きなトラブルだ。窓ガラスがドアの中に外れて落ちたり、シフトレバーのグリップ部分が割れたりしたが、他は大過なく走ってきている。

ただ、10年が経過した頃、お嬢さんが「プジョーはガソリン臭くて、気持ち悪くなる」と嫌がったので、三菱レグナム2400ビエントを購入した。

「私は臭いとは思わなかったんですけど、娘は乗ろうとしないんです」

レグナムに6年間乗り、その間、505GTIの出番はすっかり減ってしまった。念のため、僕も後席とその周辺を嗅がせてもらったが、何も臭わない。

原因として推測できるのは、給油中にガソリンを入れ過ぎて溢れさせてしまったことだろう。その時の痕跡が今でも、ボディに白く残っている。パイプや、トランクルームなどにも染み込んで、しばらくの間、臭いを発していたのかもしれない。505GTIの給油口とタンクをつなぐパイプはカバーやガードの類いで覆われることなく、トランクルーム内に剥き出しになっているからだ。

しかし、レグナムを購入したのならば、なぜ505GTIを手放さなかったのだろうか。

「長く乗っていると、だんだんと愛着みたいなものだってできてくるじゃないですか。直し直し乗り続

プジョー505とは？

1950年代の403から404、504と続いたプジョーの中核を成す4ドアセダン。スタイリングは、カロッツェリア・ピニンファリーナ。コンベンショナルな後輪駆動レイアウトを採用し、エンジンは当初、504から受け継いだ1.8ℓや新開発の2ℓ4気筒が搭載された。84年にデビューした505GTIは、拡大された2.2ℓエンジンを積み、硬められた足まわりを持つスポーティ版。ブラックアウトされたドアトリムや、トランクフード後端のリップ状の控えめなスポイラーがスタンダードの505と異なっている。大袈裟なスポイラーを持つ505V6は、最上級モデル604の2.9ℓV6を使って、86年に追加された。

けて来たから、その分、余計に情が移っちゃったのかもしれません」

現在、神谷さんの505GTIは修理のために、アイドリングを1200rpmにまで上げてある。

「修理工場がフランスから取り寄せている部品を待っている間、上げているらしいんですけど」

歩いて数分のところの内田モータースが、親身になって修理してくれている。アイドリングを上げなければならない部品って、何だろう。

「何だかわからないんですよ。このクルマのことは、今はほとんど父が面倒を見ていますから」

そうだったのか！

仕事が忙しくてクルマどころではない神谷さんに代わって、505GTIを相手しているのは父親だったのだ。だから、言葉少な気なのだ。そういえば、さっき505GTIと他のクルマを駐車し直す時にギクシャクしていたら、すかさずお父さんは神谷さんに「サイドブレーキ引きっ放しじゃないかっ？」って心配そうにしていたもんな。

近所をグルッと回って戻って来たところで、お父様の登記雄さんにお会いした。

「国産車に長く乗ってきましたが、このクルマには余裕がある。安定感が違う。東名のカーブなんかでも、フラフラせずにスーッと走りますよ」

206や307などが追い越し際に、しばらく並走して、こちらを伺うという。

「若い人は古いプジョーが珍しいんでしょうね。でも、このクルマは古いだけじゃなくて品格があるでしょう。ねぇ？」

お父さんは、的確な言葉で505GTIを表現していた。〝品格〟というのは、まさしくかつてのプジョーが持っていた資質だろう。息子が一目惚れし、今では父親と近くの工場も一緒に慈しんでいる。

第2章 「1996年12月〜98年2月」

シトロエンGSA

スバル・レックス・コンビ

トヨタ・カローラ・レビン

ボルボ122

ホンダNSX

シボレー・インパラ

トヨタ・セリカ

ホンダ・クイント・インテグラ

フォルクスワーゲン・タイプ1

日産グロリア

BMW325i

日産スカイライン

ホンダ・アコードエアロデッキ

ホンダ・ライフ

トヨタ・カルディナ

餅に乗る波平さん

永井一郎さんとシトロエンGSA（1980年型）

1万色の声

真夏の暑い日に、東京・渋谷の放送局の駐車場で空き待ちをしていると、前方でベージュのシトロエンGSAが空いたスペースに駐まろうとしていた。

暑いのに窓ガラスを締め切っているのはクーラーがちゃんと効いているということだろうし、強烈な直射日光はコンディションの良好なボディで乱反射していた。

GSAから降りてきた中年紳士は、僕の横を通り過ぎて放送局の建物の中に入っていった。

放送局の受け付けで知人を待っていると、さきほどのGSAの中年紳士も誰かを待っているようだった。お互いの待ち人がなかなか現われず、またGSAのことを知りたかったので、話しかけてみた。

「シトロエン、調子いかがですか？　さっき、すぐ後ろで僕も駐車の順番を待っていたんです」

中年紳士は驚く様子もなく、はっきりした声で答えた。

「ええ、いいですよ。買ってすぐのころに、キャブレターにつながっているガソリンパイプのノズルが

割れて、ガソリンがオーバーフローしたことがあるくらい。ほかは壊れませんね。調子いいですよ。ご覧になった通り、クーラーもちゃんと効いていますし」

待っていたテレビ・ディレクターが現われたので、そこで中年紳士とは別れた。もう少しGSAの話の続きを聞きたかったので、挨拶がてらに名刺交換をしたら、最近雑誌や新聞でよく聞く声優プロダクション名が記してあった。

「ナミヘイですよ」

中年紳士は、テレビ漫画『サザエさん』でサザエの父親・磯野波平の声を演じている永井一郎さん(65歳)だったのである。

後日、東京・世田谷のご自宅へお邪魔すると、家の前のスペースにGSAは駐められていた。夏に放送局で見たのと同じ、淡いベージュが綺麗なGSAだった。

意外だったのは、永井さんを目の前にして話しても、波平の姿は思い浮かばないことだった。声と画像が伴って、はじめてひとつのイメージが形作られていくのだろう。永井さんは、波平をはじめ、『サイボーグ009』の006、『ド根性ガエル』の町田先生、『宇宙戦艦ヤマト』の佐渡酒造などをはじめとして、数々のCFやアニメ映画へ声の出演をしてきている。仕事の数は1万本を超えるというから驚く。

珍しいところでは、トヨタ2000GTが1966年に谷田部の日本自動車研究所の高速周回コースで世界記録へ挑戦した記録映画のナレーションなんていうのもある。最近では声優ブームと騒がれているが、永井さんはそんなブームなどとは関係なくやってきた、キャリア40年の大ベテランなのである。

仕事は、放送局や録音スタジオで行なう。以前は、ほとんどのところへクルマで出かけていっていたが、ちょうどGSAを買った80年代初頭から東京の道が極端に混み始め、それに駐車場難も重なって、ほとんどクルマでは仕事に行かなくなった。GSAに、16年間でわずか4万kmしか乗っていないのも、それが理由だ。

「着くまでの時間が読めないし、駐めるところもないから、もうクルマやめちまおうかと思ったくらい」

僕が偶然に会った渋谷の放送局は、少し待てば駐めることができるから利用している、永井さんにとって数少ないクルマで行ける仕事先なのだった。

GSAの前にホンダ1300クーペやヒルマンなどに乗っていた頃は、いずれも10年未満で10万km以上走っていた。

「ホンダ1300は、個性があって面白いクルマでした。よく走る上に、燃費も良かった。大阪まで行った時に、16km/ℓも走りました」

1300クーペには10年乗ったが、フロント・フェンダー周辺にサビが出てきて指で押すと穴が開いてしまったのでGSAに乗り換えた。実は、永井さんは1300クーペの次もホンダに乗ろうと思っていたのだが、誰かから〝ホンダは4輪に進出する際に、シトロエンを徹底研究した〟という噂話を聞いた。その話に興味が湧いてショールームに見にいったところ、GSAを一目で気に入ってしまったという経緯がある。

本田宗一郎からの手紙

話は前後するが、永井さんがホンダにもう1台乗ろうと思ったのには、驚嘆すべきエピソードが残されていた。なんと、社長在任当時の故・本田宗一郎氏から直筆の手紙を受け取ったのである。

「1300クーペのワイパーレバーの操作方向が上下逆の方が望ましいのではないかと、購入直後にメモを書いてセールスマンに渡したんです。それについてだけでなく、ほかに点検してほしい項目などと一緒に。〝上下逆にした方がワイパー自体の動き方と一致するから、混乱しなくて良いのではないでしょうか〟と軽く書いたのです。クレームを付けたり、直してほしいつもりはありませんでした。一週間から10日したら、本田さんから返事が来たのでビックリしましたよ。誰が見ても本田さんのおおらかな人柄を思わせる大きな文字で、なおかつ達筆でした。あれは秘書や従業員に書かせたものじゃ絶対なかった。この会社は伸びるな、と思いましたね」

永井さんが感激したのは、本田氏から直接手紙をもらったことではなく、一ユーザーのメモがサービスマンから社長にすぐに伝わったという組織のあり方だった。末端のサービスマンがトップに直結していて、そのトップがフレキシブルに反応してくれたことが嬉しかった。

ずっとGSAに乗り続けているので、その後ホンダに乗る機会はなかったが、ここ数年仕事での付き合いが再開した。オデッセイのテレビコマーシャル〝幸せづくり研究所〟のナレーションを任されるようになったのである。

「売れているクルマのナレーションをできて光栄ですね」

GSAを間近で見るまで、シトロエンなんて、男の乗るクルマじゃないと思っていた。

「おキャンな女の子が乗れば似合う、粋なクルマじゃないかと」

見てみると、大きなボディではないのにリアシートを畳めばスキー板が斜めに収まってしまう収容力の大ささや、空冷水平対向エンジンで前輪を駆動するという先進的かつ合理的な設計が気に入った。同じモデルを長く作り続け、モデルチェンジを頻繁に行なわないプライドの高さにも共感できた。

シトロエンGSAとは？

1970年にデビューしたハイドロニューマチック・サスペンションを持つシトロエンの小型版がGSで、系統的には、エグザンティア、その前のBXの前身に相当する。10年後に改良を受けてGSAに発展、GSのトランクルームをテールゲート付きに改めた。パラスは装備が豪華になる。

「ひ弱そうに見えるけど、案外丈夫なんです。真夏に長距離を走ると。エンジンのレスポンスが悪くなったりするくらいで、あとは平気ですね」

ヒルマンでクルマを自分で直すことを憶えた永井さんだったが、GSAにはお手上げだった。水平対向エンジンは、特殊工具を使わなければスパークプラグすら交換できないほどグチャグチャの補機類とコード類の下に埋もれていたからだ。

「“良い加減”というんでしょうか。自分たちの設計でさえも、絶対というものを信じていないところがシトロエンというクルマからはうかがわれますね。何でもキチキチッとするのではなくて、余裕というか、大人っぽくていいです」

永井さんも1台に長く乗る多くの人の例に洩れず、大学ノートに走行記録をキチンとつけている。走行1回毎の距離数、給油量、ガソリン単価、燃費、1km/ℓあたりの費用などが記され、それによると現在までの生涯運転距離数は24万8825kmと算出されている。


「餅の上に乗っかっているような感覚がなんともいえなくて好きですね。長距離を走っても、くたびれませんしね」

エンジンをかけると、ハイドロニューマチック・サスペンションの働きによってボディが持ち上がるところなども、人間的で愛嬌すら感じさせるという。

「フニャーッて立ち上がって、〝旦那さん、きょうはどちらへ行きましょうか〟って聞かれているみたいですよね」

擬音や台詞のようなフレーズが生き生きと聞こえて、永井さんが声優だということを思い知らされる。

「クルマは大好きで、もっといろんなクルマに乗ればいいんだけど、〝これでいい〟っていう思い切りを抱かせてくれるクルマって、なかなか現われないもんですね。自分がくたばるか、クルマがくたばるかのどっちかかな」

ずっと乗り続けたいので、92年に板金と塗装をすべてやり直した。どうりでキレイに見えたわけだ。仕事に行くのに都内であまり乗らなくても、永井さん夫妻がシーズン3、4回はクルマでスキーに行くのは以前と変わっていない。波平さんはシトロエンとスキーが好きなのだった。

550ccの経済性

坂本益雄さんとスバル・レックス・コンビ（1987年型）

軽自動車初のECVT

関越自動車道の花園インターチェンジ近くにあるホームセンターの駐車場で待っていると、坂本益雄さん（32歳）は走行10万kmを超えたばかりの白いスバル・レックスでやってきた。

坂本さんは、公務員の福利厚生業務を行なう共済組合に勤めている。レックスは87年型。8年前のクルマだが、軽自動車の排気量は今とは違ってまだ550ccだったのである。

「規格とか制度って絶対のものだと思っていたのに、軽自動車の規格が変わったのはショックでした」

まじめな坂本さんは、規格が変わって軽自動車が大きくなってしまうことが心配だった。大きくなってしまっては、軽自動車の存在意義である経済性が失われてしまうのではないかと考えたからである。

実際、坂本さんがレックスに乗り続けているのは、燃費の良さと経済的であることがその理由だった。32ℓタンクをレギュラー・ガソリンで満タンにすると少なくとも450kmは走るから、1ℓあたり14kmは走る。条件が良ければ、もっと走ることもできる。

軽自動車ならば、税金や保険料金も普通車より格段に安くて済む。軽自動車税などは、年額4000円だ。絶対的な支出金額の少なさというものも、坂本さんがクルマに求める条件のひとつなのである。レックスが持っている本来の燃費の良さに加えて、坂本さんのレックスはECVT仕様である。8年前に数ある軽自動車の中から坂本さんがレックスを選んだのは、軽自動車としては初めてのECVTが搭載されていたからだった。

無段変速を行なうオートマチック・トランスミッションで、ドライバビリティと燃費が従来のトルクコンバーター式よりも優れていると雑誌の記事で読んで以来、自分で乗るのだったらECVTしかないと、半ば直観的に決めていたのである。

購入したのは埼玉スバル熊谷店で、税込み価格90万円は父親が出してくれた。当時大学4年生だったので、下宿先の茨城県水戸市に置いて旅行や買物などに乗っていた。卒業後の現在は、主に埼玉県浦和市の職場への通勤に使っている。

通勤では、職場までレックスを乗っていかない。花園町の自宅から12km離れたJR篭原駅に8000円の月極め駐車場を借りて、そこから電車で通っている。

「始発電車が多いので、駅前のマンションのチラシには、〝都心まで、座って通えます〟と書かれています（笑）」

話をレックスのECVTに戻すと、これまでは快調な10万kmだったそうだ。

「エンジン回転とスピードが上昇していく感覚がバラバラだとか言われていますけど、慣れてしまったので自分にはこっちの方がふつうに感じますね」

ECVTの要である金属ベルトが捻る音も気にならなくなったという。

添加剤で損して得取れ

ほとんどトラブルは発生していないが、一度だけダイナモの充電不足が頻発したことがあり、その時はディーラーで交換した。また、車検整備の費用が回を追うことにかさんできて、前回の4度目はこれまでで最も高く14万2735円だった。この中には、自賠責保険料、法定点検項目整備代金のほかに、タイミングベルトとブレーキマスターシリンダーの交換代金が含まれている。

トラブルといえば、走行中に前を走っていたトラックの荷台から石が落ちてさて、フロントガラスにヒビが入ったことがあった。

「トラックを追いかけていって、弁償するように追ったんですが、1万円札を渡されて、うまく丸め込まれてしまったんですよ。案の定、フロントガラスを丸ごと1枚取り替えなければならなくて、6万円かかってしまいました」

坂本さんは、特別なマニアというわけではないが、レックスに十分に手をかけてやっている。実用的な軽自動車を乗りっ放しにせず、大事に乗っているところに坂本さんらしさが出ている。

また、坂本さんはエンジンの添加剤にも凝っている。燃費や運転フィールを良くするためのものだが、結構いい値段をするものもあるので、元を取るのが大変なこともあるのだ。

「こういうの好きなんですよ。いろいろと試してみたくなっちゃうんですね」

最近ではマイクロロンを入れてみた。

「エンジン音が静かになりました。燃費も少し良くなりました」

添加剤だけでなく、エンジンオイルも奢っている。3000～4000kmで交換しているし、以前はひと缶4ℓ8800円もする化学合成オイルを入れていた。

「このクルマが動くうちは乗っていたい。壊れるまで乗り続けてみたい、という気持ちですかね。ECVTが気に入っているので、次もレックスかシビックのECVTに乗りたいですが、シビックはレックスよりも値段が張るので……」

いつまで乗るつもりかと質問してみたのだが、坂本さんにとっては特に意識するようなことではないようだった。

「あと、クレジットとかローンが嫌いなんで、クルマもキャッシュで買いたいですね。だから、そう頻繁に買い替えるわけにはいかないんですよ（笑）。ローンを組んでムリして買っても、しょうがないですからね。クレジットカード？　作ろうと思ったこともありませんね」

坂本家では、父の軽トラック、兄のカリーナEDなどクルマはすべて現金で購入しているそうだ。

「私にとって、クルマは通勤や買物、旅行のための交通手段ですね。クルマ好きの人のように、クルマそのものが趣味や楽しみの対象にはなっていないと思います」

そのかわり坂本さんは、ゴルフや卓球、キーボード演奏、クラシック音楽観賞と多趣味の人である。また、今年の5月に仲間と共同で新聞などへの投稿を集めて自費出版したりもしている。そこで坂本さんは何篇かの随筆を書いていて、その中にはレックスも出てくるのである。「焼きまんじゅう」と題された一篇では、病院に通う祖母を坂本さんがレックスで送り迎えする途中で、近所の人や小学校のときの担任に出会う話だ。祖母か焼きまんじゅうを食べたいというので遠回りして買いにいき、食べたら美味しかったというだけのことなのだが、家族思いの坂本さんの人柄が現れている。「ゴルフコンペに行くなら」という一篇は、レックスでの2泊3日のゴルフとドライブ旅行紀行文で、食べたもの、買ったもの、支払ったものについて細かく記してある。この文章によると、レックスは470km走って、燃費は16・1km／ℓだったという。途中の笠間稲荷に参拝しようとしたが、有料パーキングばかりなので参拝を省略してしまうあたりも坂本さんらしい。
　この投稿集の第2集が出版される時には、レックスの走行距離が10万kmを超えたことが書かれるのだろうか。

スバル・レックス・コンビとは?

オランダのファンドールネ社が特許を持っていた無段変速オートマチックトランスミッション、ECVTを富士重工がリファインしてリッターカーのジャスティに搭載したのが日本初のECVT搭載車。その後に軽自動車のレックスにも採用された。
坂本さんのレックス・コンビGは税法上、軽貨物車に分類される。だから、軽自動車税が年間4000円で済んでいる。同じレックスでも、軽乗用車のレックスだと、これが7500円になる。
当初、ECVTは構造的に高出力エンジンには組み合わせられないとされてきたが、〝マルチマチック〟と称する現行シビックのECVTは130psと組み合わされている。レックス・コンビは、わずか30ps。「2気筒、全部で4バルブのエンジンですけど、がんばれば高速道路で130km/h出ますよ」

変われば変わるもの

矢島祥一郎さんとトヨタ・カローラレビン（1986年型）

「クルマは邪魔」と思っていたのに

泣く子と辞令には勝てないと言ったか言わないか知らないが、宮仕えの身にとって避けて通れないのが人事異動である。

タイヤメーカーに勤務する矢島祥一郎さん（37歳）は、研究部門で新しいタイヤを開発していたが、昨年になって販売店への出向を命じられた。開発したタイヤが、実際に顧客にどう買われているのかを知るためである。

勤め先が、それまで通っていた都内の本社や研究施設から、メーカーの経営する千葉県のタイヤショップに変わった。

「高価なクルマに乗っている人ほどタイヤの販売価格を高いと言うのには、少々驚かされました」

少しでも高性能で安全なタイヤをと、自分たちが心血を注いで開発してきたタイヤが、内容の吟味ではなく販売価格だけで購入が判断される現実を矢島さんが複雑な思いで受けとめたことは想像に難くな

TOYOTA

い。

値段が高ければいいというわけではもちろんないのだが、クルマに見合ったタイヤを装着することが安全に寄与することになるのだと矢島さんは何度も言う。

「クルマが衝突事故を受けた時の安全性を云々するよりも先に、いかに事故を避けるかということのために、みなさんタイヤにもっと気を使って欲しいですね」

客からタイヤの交換時期について尋ねられると、スリップサインは1・6mmで出るようになっているが念のため残り3mmになったら交換するように勧めているほどだ。

矢島さんがこのようにタイヤについて真摯な態度で臨んでいるのは、なにも販売マニュアルどおりに接客しているのではなく、カート・レースや自分のカローラ・レビンGTVで走り込んで体得した結論からのことである。そのレビンに乗り始めてから10年が経った。

タイヤメーカーに入社した時には、クルマにそれほど興味を持っていなかった。好きなのは自転車、それもロードレースだった。

「自転車で走っていると、クルマほど邪魔なものはないと思っていたくらいですからね」

入社時に乗っていたのは、大学院在学中に知人から12万7500円で譲ってもらった78年型のカローラ・スプリンター（当時はこういう車種があった）だった。丈夫でよく走って、4年間乗った。

自転車競技は会社に入ってからも続け、実業団の関東団体チャンピオンに輝いたりするほどだったから、やっぱりクルマは邪魔者だったのだろう。

「義務感」から趣味へ

だが、研究部門に配属され、タイヤの操縦性を自分で試せるクルマなのではないかと、レビンを購入した。前後して始めたカート・レースも、会社の課外活動などではなく、まったくのプライベート・エントリーだった。「カート用のタイヤって、高いんですよね」

レビンが選ばれたのは、小型後輪駆動車であるのとあわせて、リア・シートをたたむとカートが積み込めるトランクスペース。があることだった。

トランクにカート1台とスペア・エンジン2基、ガソリン・タンクとその他の荷物を収め、屋根に自転車2台を積めて、助手席には独身時代の現在の奥さんを乗せてカートの全日本選手権に出かけていった。レビンは、こうした高い実用性も備えていたのだ。

「レビンで峠を走りに行ったり、カート・レースを始めたのは、半ば職業的義務感からですかね」

いいタイヤを作るためには、就業時間だけでは足りないというわけである。

邪魔なものだったはずのクルマの運転にもいつしかのめり込むようになってしまい、カート・レースの全日本選手権に3シーズン参戦した。

サーキットへの往復や、峠を〝攻め〟に行った結果、レビンは半年で1万8000kmを走破するほどになってしまった。

「最初から走るために買ったようなクルマですから、今でもとても気に入っています。小さくて振り回しやすく、素直な操縦特性を持っており、エンジンも回せば十分なパワーを発揮しますから」

とはいっても、ノーマルの状態で乗り続けているのではない。開発エンジニアらしく、あちこち部品を替えたり、改造している。

まず、ショック・ブソーバーが1万8000kmでヘタり、勤めている会社で製造しているストリート用の減衰力可変タイプに付け替えた。

それだけではおさまらず、シートを腰痛防止のためにレカロ社製に。タイヤとホイールは、ノーマルも含め目的別に4セット。汗で滑らないように、ハンドルをナルディの革巻きへ。穴が開いたマフラーは、マフラー・メーカー製が現在2本目。TRD製のLSD。4点式シートベルト。ハイテンション・コード。エアクリーナー。フロントのストラット・タワーバー。フライホイールの軽量化などと十分に手が入っている。

改造だけでなく、大修理もしている。エンジンのシリンダー・ヘッドをオーバーホールした。

「でも、すべて道交法適合ですよ」

「バスを追い抜く時に全開にしたら、エンジンからカラカラという異音が聞こえてくるようになりました。工場でヘッドを開け、吸排気バルブのすり合わせまでして整備したのですが、とうとう原因は掴めませんでしたね」

その時に、ついでだからとカムシャフトを264度のハイリフトタイプのものと交換した。2500rpm以上でのトルクアップが目的である。

転勤にはかなわない

点検と整備にも念が入っている12カ月と24カ月の法定点検は工場に任せているが、2～3カ月に1度、

トヨタ・カローラ・レビンとは？ まだカローラが後輪駆動だった頃のスポーツバージョン。4A-G型ツインカム1600ccエンジンと小型後輪駆動というところが著者の心をずいぶんとくすぐった。
人気は今でも衰えず、むしろ程度のいい中古にはプレミアムが付いた値段で取り引きされている。同じクラスのクルマに後輪駆動車がなくなったのが、リバイバル人気の秘密だろう。

カローラ版と、トレノと称するスプリンター版が併売されていたのは、販売系列の違いから。トレノはリトラクタブルヘッドライトだった。レビン、トレノ双方に２ドア・クーペとテールゲート付き２ドアがあったのも商売上手なトヨタらしく、人気を二分していた。上の「昔のアルバムより」は購入当初の矢島さん夫妻だが、大きな荷物を運ぶことのある人にはテールゲート付きが好まれた。「屋根に自転車を２台積んでいますが、さらに後ろに写っているカートとスペア・エンジンを積んでもまだ余裕がありましたから。それに、あと女房も」

自分で行なっている点検がある。ホイールバランス取り、ローション、ブレーキパッド、スパークプラグ、ブレーキ液、下回りの点検などである。操縦性の不良やホイールを縁石にヒットさせてしまったときのアライメント修正、アイドリングや燃圧調整も自分で行なっている。エンジンやトランスミッションなどのオイル交換なども、もちろん自分でやる。

矢島さんとレビンの10年間は、レビンをいかに自分の理想通りに仕立て上げるかの10年間だった。クルマを邪魔なものとまで思っていたのだから、変われば変わるものである。

だが、矢島さんのもくろみ通りには行かなかったこともある。本当に走るだけのたかに買ったようなクルマだから、エアコンを付けなかった。助手席に座る奥さんはなんとかなだめることができたが、子供ができてからはお手上げだった。

「エアコンを付け、安全のためにエアバッグとロールバーを入れることはできないかとトヨタに問い合わせてみましたが、〝不可能ではありませんが、買い替えたほうがいいですよ〟と止められた」

せっかく子供の誕生祝いにもらったチャイルド・シートも、後席が狭いのでレビンには取り付けることができないので、家族で乗るときのためにと95年に一年落ちのメルセデスＥ２８０を買った。

じきに2年間の予定の出向期間が終わると、東京に戻らなければならない。そうなると、駐車場の関係からクルマを2台持つのが難しくなる。矢島さんはレビンを持ち続けるのを半ば諦めかけている。いつまでもレビンを手元に置いておきたいのだが、そこはやっぱりサラリーマン。転勤にはかなわない。Ｅ２８０を買えるのだから、もう1台分の駐章場を借りるのも訳ないような気がするのだが……。

来店した客を送り出すのに、矢島さんは90度近く腰を曲げて丁寧にお辞儀していた。〝走りを探求する〟のは、もう終わったのかもしれない。

クルマは壊れて、自分で直すものだった

福井千代男さんとボルボ122（1962年型）

日本の穴だらけの道じゃ、クルマがもたなかった

昔のアルバムは人を饒舌にする。神奈川県藤沢市に住む福井千代男さん（69歳）のお宅で昔の写真を見せてもらっていると、話が話を呼んで一向に終わりがやって来ない。

32年間でおおよそ30万kmも走ったボルボ122Sの話から始めたはずなのだが、122Sの話をするためにはと、写真を見ながらそれ以前に乗っていたクルマについて訊ねると、またその話が面白いものだから、こちらもつい聞き入ってしまい、なかなか122Sに辿り着けない。

大きくハッキリした声で、福井さんは40年以上も前のことをついこの前のことのように話す。

「昔は〝タク上がり〟しか買えなかったんです。今の人に言ったってわかんないでしょうけど、タクシーでさんざ使われた中古しか自家用車は買えなかった。タク上がりのルノー4CVに2年ほど乗ったけど、

VOLVO
品 5
ろ 95-60

壊れてばっかりいましたね」

1955年当時のタクシーには4CVのほかに、シトロエン2CVやフォルクスワーゲン・ビートル、DKWマイスターなどのヨーロッパのベーシック・カーが採用されていた。

いろいろな車種のタクシーに乗れて面白そうだなと短絡してしまうのは昔を知らない現代のクルマ好きで、当時のクルマ好きはヨーロッパのベーシック・カーが日本の劣悪な道路で痛めつけられてしまうことを嘆いていた。

「当時のクルマの話というのは、イコール道路の話になっちゃう」

都内の主要道路は都電の石畳でデコボコで、郊外へ出れば舗装していない砂利道ばかりだったらしい。

「ルノーも、次に乗ったモーリス・マイナー・コンバーチブルも日本の穴だらけの道じゃ、クルマがもたなかった。ルノーはボディがヒビ割れちゃったし、モーリスは足まわりが折れちゃった」

ただ、当時の日本の悪路でも4CVやモーリスはコントローラブルで「ちゃんと走れた」のに対して、クラウンやダットサンなどの出始めの頃の国産車は「ちゃんと走れなかった」という。

「穴ぼこ道なんかだと、国産車はどっかへスッ飛んでっちゃうんだから」

ボディが弱いというヨーロッパ車の轍を踏まないためか、国産車のボディはとにかく重く頑丈に造られていた。だが、国産車はサスペンションが未完成なので福井さんはまったく選択肢に入れなかった。

「当時の国産車よりもサスペンションが優れていたヨーロッパ車の中で、結局フォルクスワーゲンのカブト虫だけが日本の悪路に耐えて残ったんです」

今につながる日本人のフォルタスワーゲン神話、ドイツ車信仰はこの頃のカブト虫の評価が源なのだろうか。

福井さんはトラブル続きだったモーリスをフォルクスワーゲンに買い替えた。

「トラブルといったって、昔はクルマが壊れるのが当たり前だし、直しながら乗るってことが楽しみでもあった。だから、クルマを買うのには覚悟のようなものが要ったものです」

福井さんのアルバムには、4CVやモーリスでドライブやピクニックへ出掛けた時のスナップがたくさん収められている。

「最近じゃ、アウトドア・ブームなんて騒いでいるけど、30年以上も前から実践しているアタシにしてみれば可笑しくてね」

高原や雪山にテントを張り、家族と友人でピクニックを楽しんだ写真が何枚もアルバムに貼ってある。

「コールマンのツーバーナーなんて知らないから、七輪で何か焼いてますな（笑）」

ポリタンクも存在していなかったから、飲料水は一升壜に詰めていった。

30年以上乗っていますが、あまり壊れません

子供が成長するにつれて、フォルクスワーゲンのそれよりも大きなトランクの必要が生じ、偶然見付けた1年落ちの122Sを買った。3年月賦で。当時、ボルボの輸入代理店だった、ヤナセ全額出資による北欧自動車のショールームにあったクルマだ。

「構造が簡単で、丈夫なところが気に入ってます。30年以上乗っていますが、あまり壊れませんね」

そう言って、福井さんは122Sと過ごしてきた32年を振り返った。ところが、よく聞けばあまり壊れないというのは、あくまでずっと昔に乗っていたモーリスやルノーに較べての話なのである。主なも

のだけを思い出してもらっても、ずいぶんあった。

まず、買ってすぐにショック・アブソーバーのオイルが全部抜けてしまった。原因は、その頃まだ残っていた砂利道のある土地へ東京から2往復したことだった。たった1年落ちのボルボといえども、そんなに長い砂利道の振動には耐えられなかったのである。オランダのコニ社製に付け替えたら、以後30年間は問題ない。サスペンション本体ではないが、今から7～8年前にサスペンションのゴム・ブッシュを全部交換している。

「なんとなく、風に煽られるとフラフラするようになったなあと思っていたんですがゴム・ブッシュを取り替えたら、シャキッと真っすぐ走るようになっちゃって。あれは、効果抜群でした」

エンジンをボーリングして、オーバー・サイズのピストンを組み込んでもいる。ピストン・リングが折れてシリンダーに傷が付いたのを処置したのである。

また、トラブルではないが、ブレーキを踏むのに力が要るので国産のトラック用のブースターを取り付けたり、点火装置を国産のセミトランジスタ式のものに代えたりもした。珍しいところでは、フロント・ガラスを交換している。

「透明度が落ちてきたので取り替えたんですが、結構な値段がした。たしか5万円以上しましたよ」

付いていなかったタコメーターを取り付け、ホーンをボッシュ社製に変更し、マフラーは現在3本目だ。16年前に鼠色のボディ塗装をやり直している。

「こないだね、初めてエンコしましてね」

チョークを一杯に引いているのにエンジンが回らなかった。プラグを外してみると表面が乾いているのでガソリンが来ていないことが判明し、福井さんはガソリン・パイプを外して口で吹いてみた。タン

ボルボ122とは?

ボルボ 122S は、1956 年から69 年にわたって生産された中型の 4 ドア・セダン。ちなみに、“アマゾン” というサブネームがよく用いられるが、これはスウェーデン国内だけで使用が認められたもの。

運転席と助手席のシートの縫い目がほつれたり、ドアが少し下がり始めたり、丈夫が取り柄のボルボでも経年変化は隠せない。ドア下のサビも拡大している。

ヘインズのマニュアルに載っている金網とパテによる板金があまりに強引だからと、FRP による修復方法を考え付いたのだそうだ。

当然有鉛ガソリン仕様なので、添加剤を混入している。燃費は、一般道で 7 〜 8km/ℓ、高速道路で 13 〜 14km/ℓ という良好な値。車検整備の際に、任せてある修理工場がキャブレターの調整を行なうのだが、自分の運転に合った微妙な調整は自身で行なうようにしている。

ほかのクルマへの買い替えはまったく考えておらず、ずっと乗り続けるつもりだ。

「アタシのパーツは売っていないから、アタシの寿命の方が先に来ちゃうんじゃないですかね」

ク内でゴボゴボいう音を確認し、もう一度セル・モーターを回してみたところ、エンジンは掛かった。

「どこかにゴミが詰まっているようで、その後もう一度止まりましたがね」

僕らだったらまずお手上げのトラブルだが、福井さんは直す手立てをかつての経験から知っている。１２２Ｓがどんなトラブルを起こしても、すべて自分の手の内で起きているという余裕につながっている。だから、トラブルの話なのに実に楽しそうに語る。

昔乗っていた４ＣＶやモーリスのことを思い出してみれば、１２２Ｓは丈夫なものに思えてくるのだろう。クルマは壊れるもので、ある程度までは自分で直せなければいけなかった時代の経験が今でも福井さんの中で生きているのだ。

だから、福井さんが１２２Ｓに32年間も乗り続けたのは、１２２Ｓの品質が高く、持ち主の期待に応えてきたということ以上に、アルバムに収められている写真に写っている昔のクルマとクルマとの接し方を福井さんがずっと忘れないできたからなのだと思う。

「〝古いクルマはタイヘンでしょう〟とか〝おカネが掛かるんじゃありませんか〟って話し掛けられるようになりました。〝全然そんなことはありませんよ〟って答えると、たいがいの人は意味がわからないみたいでポカンとしていますね。長く乗ろうと思って買ったわけじゃないんだ。乗っていたら32年たっちゃったというだけでね」

道路が整備され、クルマの品質が向上したおかげで、クルマを頻繁に買い替える必要がなくなった、この32年間だった。だが、クルマが普及して珍しいものでなくなったために、１２２Ｓの福井家での位置づけは単なる実用的な道具に変わっていった。だから、１２２Ｓの写真はほとんどアルバムに残されていないのである。

最深部まで達した人

平澤好宏さんとホンダNSX（1990年型）

現代のスーパーカーはこうでなくちゃ

ホンダNSXのことが話題に上らなくなって久しい。
デビュー直後は、性能やスタイリング、はてはV6でなくF1用（当時の）をデチューンした3・5ℓV10を縦置きで搭載するべきだったのではなどと、クルマ好きならば誰でも一言二言NSXには口を挟んでいたものだ。

当時、納車には半年や1年は待たされると噂され、新古車に新車より高いプレミアム価格が付けられたり、また、アメリカからの逆輸入車に法外なプライスタグが下げられて、クルマのパフォーマンスと直接関係のないところでも何かと話題となっていた。

でも、話題となったのはNSXだけではなかった。NSXの登場と前後して、トヨタ・セルシオ、日産インフィニティQ45、スカイラインGT‐R等々の、従来の国産車の基準を大きく超えるような高性能車や高級車が輩出されていたのだ。時代のせいもあるけれど、1台ずつがニュースだった。

115000km

1989年から90年にかけてのことだ。

今から7、8年も前のことなのだから、もはや過去の出来事として片付けられても致し方ないのかもしれない。だが、NSXは果たして十把一絡げにして簡単に過去の一台として片付けてしまっていいクルマなのだろうか。別の言い方をすれば、NSXの評価をきちんと行なった人はいないのだろうか。いた。90年型のNSXを新車から11万5000km走らせた平澤好宏さん（55歳）の評価を聞くために、東京麹町のマンションを訪れてみた。

噴水のある車寄せに、黒のNSXはすでに停められていた。ピカピカに磨き上げられたボディには曇りひとつなく、ただフロント・エアダムやグリル周辺に細かな石跳ねの痕があるだけだった。窓ガラス越しに見えるオフホワイトのシートもきれいだ。

「加速や燃費、ボディの造り。新車の時とまったく変わりません。スゴい。驚異的です」

開口一番、平澤さんはNSXを絶賛した。誰も異論を差し挟む余地がないほどに、言い切っていた。あまりにキッパリと断言されてしまうと訝《いぶか》しんでしまうところだが、平澤さんの話を聞けば聞くほど、目の前の黒いNSXが自分の知っていたNSXとは違って見えるような気がしてきた。

「いつ、どんな条件の下で、誰が運転しても簡単に高性能を発揮できるところが素晴らしいですね。現代のスーパーカーは、こうでなくちゃね」

平澤さんの主な使い途は、平日は千葉にある経営する工場への片道約50kmの通勤と各地への出張、休日はプライベートでの旅行などである。

特に苛酷なのは夏場の首都高速の渋滞で、どんなに暑くてクルマが前に進まなくてもオーバーヒートの兆候すら見せないのだという。

「良く効くフルオートエアコンを入れて、ＣＤを聞きながら、かなり低い速度でもずぼらにシフトダウンせず5速で流すという安楽な乗り方もできるので助かります」

ギアシフトやクラッチミートなどの操作にも難しさはなく、平澤さんは娘さんや従業員にもどんどん運転させている。

「みんな想像と違って、運転が簡単なのに驚いていますよ。ただ、車幅がある点はちょっと気を使わせられます」

サーキットを走ってみることを、ぜひ勧めます

7年前に平澤さんがＮＳＸを購入する時に候補に上がった一台が、ポルシェ９１１だった。ＮＳＸよりもボディの幅が狭く、リアシートに荷物が置け、乗り降りしやすいシート形状と着座位置などが、９１１がＮＳＸよりも勝っているところだった。だが、９１１に乗る隣人に相談したところ、毎日通勤に使うという平澤さんの乗り方には９１１は適さないと退けられた。

ほとんどひとり、場合によってはふたりしか乗らないという理由から、メルセデス・ベンツ３００Ｅも候補から外れた。

それまで使っていたフォルクスワーゲン・ジェッタ・ディーゼルの代わりを探していた平澤さんがＮＳＸに決めたのは、やはり速くて運転を楽しめるクルマに乗りたくなったのだろう。大学生時代にトヨタのワークス・チームであるＴＭＳＣに所属し、パブリカやコロナのレース仕様車で今はなき船橋サーキットや富士スピードウェイのレースに出場していた。それ以前から並行して、英国車好きでもある平

澤さんはエンスージアストの集まりであるMGカークラブのメンバーであり、歴代のMGやライレー・ケストレル、そして今でも1978年型のデイムラー・ソブリンを所有している。

昔鳴らした腕に応えてくれて、なおかつ手のかかるイギリス車の対極にあるクルマということでNSXに白羽の矢が立ったわけである。

その高い評価を含め、平澤さんのNSXへの言及はすべて確信に満ちている。迷いがない。NSXのサーキットでの挙動についても、指摘に揺らぎがない。

「NSXオーナーズ・ミーティングで鈴鹿サーキットの南コースを走りましたが、速く走るにはガムシャラにドリフトしても駄目で、クルマの動きに合わせてタイヤをコントロールしなければなりませんね」

ミーティングの最後には参加者全員でタイムトライアルが行なわれ、平澤さんは見事トップタイムをマークした。

「平澤さんは参加者中最年長者ですが、今日のトップタイムはモータースポーツの経験によるものでしょう」

インストラクターの黒沢元治氏の講評である。たしかに、NSXは誰にでも高性能を発揮できることを謳っているが、高性能の一端を垣間見るだけでなく、100％発揮するには経験に基づく技術が必要なのだ。

「NSXで速く走りたい人や若い人、今までセダンにしか乗ったことのない人には、サーキットを走ってみることを、ぜひ勧めます。NSXは限界が高く、奥が深いクルマです。それがわかって、初めて楽しめるクルマです。私も十分に楽しませてもらっていますよ」

平澤さんのこの話を聞いて、僕も確信した。NSXは、〝誰が乗っても高性能を発揮できる〟などと牙を隠していたが、実はサーキットでこそ真価を発揮するクルマだったのである。そしてその真価も、然るべき人が乗って初めて導きだされるものだということを知って、大いに納得した。

NSXは、ビンテージカーやヨーロッパのスーパーカーのように初めから乗り手を選ぶということはなく、パフォーマンスの一端であれば誰でも伺い知ることができるという間口の広さを持っている。その広い間口から中をチラッと覗いただけのことで騒がれてしまったから、今では影が薄く見えるのだろう。平澤さんは例外で、広い間口から最深部まで達することができた。

平澤さんに会ってNSXが今でも日本のスポーツカーの頂点に君臨していることがわかった。そのことを、僕は機会あるごとに話題にしたいと思う。

ホンダNSXとは？

オール・アルミ・ボディに3ℓV6エンジンを搭載する、国産初の本格ミドシップ・スポーツとしてNSXが鳴り物入りでデビューしたのは、1989年のシカゴ・オートショーだった。国内発売が、翌90年9月。平澤さんは東京モーターショーで実車を見て、発売前に予約を入れた。本文中にもある通り、新車の時からコンディションが変わらないのも驚異的だが、メインテナンスに関しても同じように全く手がかからないという。サービスマニュアルには、エンジン・オイルは1万kmで交換するように記されていて、平澤さんも購入したホンダ・ベルノ店任せにしてあるのだが、1万kmを走行して抜き取られたエンジン・オイルが汚れもせず、量も減っていなかったことに驚かされた。

当然のように機械的なトラブルは皆無だが、なぜか運転席側のドアノブが2度も折れたことがあった。

「ずいぶんと細いものでしたね」

街なかで7.5km/ℓ、高速遺路などの長距離を走って10km/ℓという燃費も新車時から不変。総合的なランニングコストはきわめて少ないが、タイヤだけはもう何セットも替えてきた。

「タイヤだけはケチっちゃ駄目。ホンダの人も、グリップが落ちたタイヤは特にウエット路面での性能が落ちると言っていました」

納車時には、ヨコハマ・アドバンが標準装着されてきたが、「1万kmもたなかった」。ドイツ製のダンロップを勧められて使ったりしたこともあった。現在はブリヂストンのRD71を履いている。

平澤さんのNSXには、自動車電話のアンテナがエンジン・フードの上に据え付けられているほか、外見上は何の改造も施されていない。

「マフラーのカタチがカッコ良くないって、付け替えている人がいますけど、ほとんどの場合チャチな音になっちゃうんですよね。このクルマは、ノーマルが一番のようですね」

鞄が置けるスペースがあったらいいなと思う他は、不満点はないという。できる限り乗り続けたいし、買い替えるなら次の型のNSXにするつもりだそうだ。3.2ℓに排気量が拡大されて、トランスミッションが6段になったタイプSが発売されても、それほど大きな変化ではなかったから、平澤さんは買い替えなかった。

夢に見ていた鯨

原　貴彦さんとシボレー・インパラ（1994年型）

白バイをUターンさせる迫力

派手で大きな昔のアメリカ車がクルマ好きの夢だった、というノスタルジアは陳腐で好きになれない。現行のキャディラック・セヴィルは上品なピニンファリーナ・ルックだし、東京の街中でも優にリッター10km以上走り、セルシオの上級モデルよりも安いという時代なのである。アメリカ車を懐かしさと古臭い固定観念だけで語るのは、いい加減止めたいところだ。それでも、20年以上前に少年時代を送った人ならば、かつてのアメリカ車の姿を思い出してしまうのである。

原　貴彦さん（33歳）は、子供の頃にアメリカ車に抱いていたイメージを求めて、並行輸入のシボレー・インパラSSを購入し、先日走行距離が10万kmを越えた。

原さんは、JTCC（全日本ツーリングカー選手権）やN1耐久、JGTC（全日本GT選手権）などに出場している、名古屋市在住のレーシング・ドライバー。最近の戦績では、95年にスカイラインGT－RでN1耐久シリーズ・チャンピオンを獲得している。

ホンダ・プレリュードに12万km乗ったあと、インパラSSが来るまでは家族の日産シーマやマツダ・ファミリア等でつないでいた。プレリュードに乗っている頃はサーキットでよく会っていたが、その後こちらがサーキット通いに不精をしてしまったので、最近はあまり会わなくなっていた。

ところが、「シャコタンの、よくわからないアメ車でいつもサーキットに来ている」という噂を聞き、本人に確認してみるとちょうどインパラSSが10万kmを越えたばかりだった。シーズン前のチームとの打ち合せのためにインパラSSで上京するというので、久しぶりに会うことにしたのである。

万年好青年といった感じの原さんは以前と変わらなかったけれど、インパラSSはちょっと後退りしてしまうぐらいの迫力だった。近付いたり、乗っている人間と絶対に眼を合わせちゃいけないと用心してしまう類のクルマだ。開けた窓から、ヒップホップが大きなボリュームで聞こえてきそうな感じ。

全長5・4、全幅2・0mもある巨大なボディは色が黒ということもあって、まるで鯨。おまけに、このインパラSSはメーカー限定のスポーツ・バージョンだから、あらかじめ車高が低められている。そんなことは、よほどのアメリカ車マニアじゃないと知らないことだから、どう見たってタチの悪い違法改造車だ。

メッキホイールにフロント245／40ZR18、リア275／35ZR18という太いトランピオF08の組み合わせはオリジナルではない。

「車高の低いアメ車だったら、メッキホイールは定番でしょう」

タイヤは原さんが直接開発にタッチしたものではないが、レーシング・ドライバーたるもの、スポンサーの製品は真っ先に身に付けるものなのである。

「あと、音も大事ですよね」

フローマスターというマフラーに付け替えてある。もちろん、車検の通る、いわゆる〝改造申請済み〟の合法パーツだ。エンジンが高回転まで回るようになり、パワーアップがはっきりと体感できるという。

「体感できるほどのパワーアップというのは、最低でも元の10％増しだって言われていますね」

レーシング・ドライバーらしい指摘だ。つまり、体感できなければ改造によるパワーアップの効果は10％にも満たないわずかなものなのだ。

アイドリングでは無用に大きな音は出さないが、見た目があまりにも〝ワル〟すぎる。撮影をしていると、一旦は通りすぎた白バイがUターンして戻ってきたほどだ。

余計な心配かもしれないけれど、こういうクルマに乗っているとチームやスポンサーから何か言われないかと訊ねてみた。

昨今のレーシング・ドライバーというのは、テレビ・タレント並みにイメージ作りに敏感になっている。それはドライバー本人よりも、マネージャーや代理店と称する人たちがスポンサーに対してドライバーをイイ子ちゃんに仕立て上げようとしているからだ。スキャンダルなどはもってのほか、品行方正で目立ち過ぎてはいけないことになっている。

ミハエルとラルフのシューマッハー兄弟やジャック・ヴィルヌーブなど90年代組のF1ドライバーは、それぞれ辣腕マネージャーからとてもよく教育（または管理）されているので有名だ。その傾向は、日本でも大同小異。レーシング・ドライバーが、一般社会の枠からハミ出したトリックスターである時代は過ぎ去ったのかもしれない。

「乗り換えたら、と言われたことはありません。〝柄の悪そうなヘンなクルマ〟って笑われているだけです」

クルマの基準が正反対のベンツに乗ってみたい

原さんの知っている限り、日本でアメリカ車に乗っているレーシング・ドライバーはほかにいないそうだ。パドックに停まっているのは、契約している自動車メーカーの製品か、メルセデス・ベンツやポルシェなどのドイツ車勢ばかり。アメリカ車好きのドライバーというのは、今の日本のレース界ではちょっと変わり者に見られるのかもしれない。

「僕らが子供の頃のアメ車って、日本車とは明らかに違ったクルマだったじゃないですか？　あんなクルマに乗れたらなぁって想像するだけでワクワクしてくる、夢みたいなものでしたよね」

ボディが大きく、V8エンジンを積んだアメリカのセダンにいつかは乗りたいと思っていたら、知り合いの自動車屋がインパラSSを入れることを知り、約450万円で購入した。

使い途の3分の2は自宅から各サーキットへの往復に費やされる。原さんのようにタイヤ・メーカーと契約していると、レース・スケジュールのほかにタイヤ・テストも担当しているから、相当に忙しくなるのである。

僕が余計な心配をしたもうひとつの理由というのは、長距離の移動が頻繁なレーシング・ドライバーという職業にとって、並行輸入のアメリカ車に乗ることのリスクである。故障することを過敏に怖れるのは愚かなことだが、並行輸入では部品の供給と修理や整備の態勢に一抹の不安が生じる。

「富士スピードウェイで朝からテストが予定されていても、早く起きて自宅を出発すれば間に合うんです。でも、このクルマにして何度かエンジンが止まってからは、大事を取って御殿場で前泊することにしました（笑）」

ディストリビューターのキャップが割れて雨水が浸入し、エンジンが停まってしまうことがあった。原困を突き止めるまでは、何度も停まった。

「電気系のどこかが熱でヤラれて、ショートして停まったこともありますよ。高速道路を走っていて、停まったこともあります」

レーシング・ドライバーなのに、電気系のどこがショートしたのか、指摘されたけど忘れてしまったという。鷹揚な人だ。

トラブルは、２種類のエンジン停止だけ。新車納入時から2年半しかたっていないのだから当然ともいえるが、原さん自身はもっと手が掛かるものなのかと危惧していた。

「楽に乗れるのがいいですね。５０００rpmまでしか回らないエンジンだけど、トルクが太いから十分に加速します。みんなよくベンツの固いシートがいいって言うけれど、応接間のソファみたいなこのシートの方が逆に僕は疲れないですよ。どんな姿勢でも運転できるからリラックスできます」

始めのうちはボディの大きさが気になるかと案じていたが、それも慣れた。パワーステアリングは日本車やヨーロッパ車のように速度やエンジン回転数などでアシスト量を制御するタイプでなく、どんな時でも軽々回ってしまうので、最初のうちは高速道路で気を遣った。しかし、これも慣れ。

「10万kmも乗ってしまった感慨はありますよ。大きさ以外は意外と実用的で、２トン・トラックを足にしているみたいですね」

原さんはインパラＳＳは期待以上だったというが、次はメルセデス・ベンツＣ２８０辺りに乗ろうと考えているから面白い。

「アメ車とベンツって、クルマが造られている基準が正反対だと思うんですよ。一度それを実感してみたいんですね」

星条旗が大きく編み込まれたセーターを着ていたので、身も心もアメリカ好きのヒトになってしまったのかと思ったが、そうではなかったようだ。でも、原さんは〝ハコ〟のレースを得意にしていて実績も残しているから、アメリカのストックカーなどでレースしているところを見てみたいものだ。別れ際に、道幅を目一杯使ってUターンしていくインパラSSを見送りながらそう思った。

シボレー・インパラSSとは?

シボレー最後のフルサイズFRとなってしまったカプリースの双子車。かつては、カプリースもインパラも両方カタログに載っていたが、近年ではインパラの名前は落とされていた。さらに両車とも生産は96年モデルまでで、もうアメリカでもフルサイズV8シボレーは買えなくなってしまった。フルサイズFRそのものへの需要減とピックアップ・トラックへの生産キャパシティを増やすために取られた措置である。

ちなみに、ペルーの日本大使館占拠事件で、政府側との予備的対話の場に現れる反政府勢力トゥパク・アマルのセルパ容疑者が乗せられているのが、国際赤十字ステッカーが貼られた白いカプリースだ。

インパラSSというのは、94年に限定3000台だか5000台だけ発売されたスポーツ・バージョン。

「買う前に、何軒かの並行輸入ショップに電話して聞いてみたんですけど、台数についてみんな言っていることがバラバラで」と原さん。

カプリースには4.3ℓV6と5.7ℓV8が搭載されていたが、インパラSSにはV8のみ。特にチューニングなどは施されておらず、264ps/5000rpmと46.3kgm/3200rpmを発生する。

注目すべきは足まわりで、なんとパトカー仕様の硬められたサスペンションが装着されている。アメリカのパトカーやタクシーにはフルサイズ・シボレーが伝統的に用いられてきており、インパラSSにはそれを移植したのだ。さすがにV8のパワーは強力で、「最高速度は220km/hまで出ますけど、180km/h以上はステアリングの接地感が乏しくて､雨の富士より怖い」そうだ。94年当時のアメリカでの販売価格が2万5000ドル。原さんが買った値段は約450万円。V6のカプリースは1万9000ドルだった。燃費は市街地で4km/ℓ前後。高速道路では5km/ℓ以上。80から100km/hで巡行していれば、11km/ℓいくこともある。

無敵のスキー特急

浅間芳朗さんとトヨタ・セリカ(1987年型)

スキー中心の車選び

季節外れで恐縮だが、スキーにのめり込むようになると、乗るクルマもそれなりに変えなければならないかなと思うようになる。具体的には、荷物がたくさん積めて、耐候性があり、スタッドレスタイヤを装着していて、長距離走行が苦ではなく、できれば4輪駆動が望ましい。などと夢想して生活のすべてをスキーを中心に考えるようになってしまう。

さしずめ現在ならば、各種取り揃えられている4輪駆動のステーションワゴンなどが好適で、その中から選べば迷うところもないだろう。ところが、ホンの10年ほど前までは違っていた。スバル・レガシィの旧型やその前のレオーネを例外として、クロスカントリー・タイプの4輪駆動車を除けば、乗用車タイプの4輪駆動車は高価なアウディ・クワトロぐらいしかなかったのである。

また、力説しておきたいのは、10年以上前は滑る雪道と格闘しながら運転しなければならなかったということだ。上信越道や長野道、磐越自動車道などの雪国へ通ずる高速道路はいずれもまだ存在せず、一般国道を通り、峠を越えてスキー場を目指していた。ちょっと大袈裟に言わせてもらえば、クルマでスキーに行くことはグランド・ツーリングだったのである。

駐車場に収まる4WD

初代、初期型のトヨタ・セリカGT-FOURに乗って今年で10年になる浅間芳朗さん（40歳）も、スキーのために購入して、今まで乗り続けた。フルタイム4輪駆動のGT-FOURにスタッドレスタイヤを履かせれば無敵の〝スキー特急〟になると、それまで乗っていたトヨタ・カローラⅡから乗り替えた。

「これしかないね」

ともにスキー好きの奥さんと、それまで乗っていたカローラⅡを買い替える時に候補に挙がったのは、GT-FOURだけだった。駐車場に収まる大きさの4輪駆動車は他になかったのである。

クルマでスキーに行く場合の最大のネックは、雪道でのチェーンの装着である。以前は、三国峠、碓氷峠、塩尻峠、菅平越えなど、雪が降ればチェーンを巻かなければ通れないところが必ず何カ所かあった。路肩にクルマを停め、時には吹雪に曝されながら、冷たい鉄のチェーンをトランクから取り出して濡れたタイヤに巻き付ける。表側は難なく締め付けることはできても、問題はタイヤの裏側だ。眼で見て確認しながらできないから、チェーンの端と端を緩みなく結び付けるのには、タイヤを抱き抱えるようにしなければならない。軍手をしていても、すぐに雪が解けた冷たい水が染み込んでくる。ゴム手袋でもかじかむことに変わりはない。

練馬52
せ44-57

浅間さん夫妻は、ひとシーズンに少なくとも4、5回はスキーに行っていた。

「前に乗っていたカローラⅡには、チェーンの他に滑り止め用の砂やチェーン補修用の針金なども積んで万全を期していました」

チェーンの装着そのものに慣れていないと、タイヤをジャッキアップしなければならないから、さらに時間が掛かる。慣れてジャッキアップしないで装着できるようになるまでは、かなりの熟練を要する。仮にうまく装着できて、かじかんだ指先を最強にしたヒーターで暖めながら再びクルマを動かしても、今度は緩かったり余ったりしたチェーンの端がフェンダー内側に当たって、またどこかに停めて締め直さなければならなかったりする。うまく付けることができたとしても、チェーンを巻くとどんなに道が空いていてもせいぜい30～40km／hでしか走行できない。

ようやく峠を越え、道路に雪がなくなると、今度はチェーンを外さなければならなくなる。そして、次の峠なり山に雪が降っているのならば、まだ感覚の戻り切っていない指で再びチェーンを巻き付けなければならない。遊びに行くのだから、チェーンを巻くのが嫌なら止めればいいのだが、止められないのがスキーなのである。

現代人に落語がピンと来なくなってしまったのは、底冷えのする江戸時代の冬の寒さから無縁になってしまったからだと言ったのは立川談志だが、スタッドレスタイヤの発達と高速道路の伸長によって、チェーン装着の煩わしさと所要時間の増加は現実味を失った。遊園地に行くような感覚で簡単にスキーに行けるものだと思われるようになった。

なんといってもスキーは季節が限られたスポーツだから、より多く滑るためにはいかに移動のための時間を節約するかということに誰もが直面する。チェーンを付けたり外したりする手間や、付けてもゆっくりとしか走れないことは我慢できなくなってくるのである。パァーンとスキー場までスッ飛んで行って、その節約した時間で何本か滑りたいと切に願うようになる。浅間さん夫妻も、GT－FOURにすれば、チェーン装着から解放されて、移動の時間が大幅に短縮できると目論んだ。

GT‐FOURは、リアシートを畳むとトランクと貫通して浅間さんの203cmのスキー板を斜めに収めることができるのも、購入の決め手になった。同時に奥さんの180cmの板と二人分の荷物を間に入れることができた。

「300万円を超える、当時5ナンバーで一番高いクルマで分不相応かとも思いました。ずいぶん無理して買いましたけど、〝高いな〟と思ったぶん大事に乗り続けようと思いましたね」

モトは取りました

童顔の浅間さんだが、出版社で雑誌を2冊監督している部長さんだ。クルマに乗るのはもっぱら休日の買物やスキーや旅行などで、10数年間無事故無違反だったこともある。

「いいクルマだと思います。飽きないですね。妻も、〝モトは取った〟と言っています」

3S－GTE型エンジンのパワフルなところが、浅間さんは特に気に入っている。185psという数字は、現代のハイパワーなエンジンと較べてしまうと少ないように思えるが、GT‐FOURを意のままに駆るに十分以上の力を持っている。センターデフの付いた4輪駆動システムは、この185psを余すところなくつねに4本のタイヤに伝えているという印象を以前に運転した時に抱いたことがある。

「今でも7500rpmまでキッチリ回りますからね。エンジンパワーがあると、長距離を運転しても疲れないんです」

カローラⅡは、パワーのないところが不満だった。スキーの他に、浅間さんはGT‐FOURで必ず年に2回新潟へロングドライブを行なうことにしている。実家への里帰りなのだが、エンジンオイルの交換とスタッドレスタイヤの履き替えという目的も課せられているというから面白い。

エンジンオイルを走行距離の多少に関係なく半年ごとに交換しているというのは、ターボエンジンの3S‐GTE型を気遣ってのことだ。同時にラジエーター・クーラント、ファンベルト、バッテリー、タイヤなど法定6カ月点検項目は自分でチェックしておくようにしているという。

エンジンルームはビッシリと詰まっているので、自分でできるのはチェックだけでオイルフィルターすら補器類を取り外してからでないと交換できないそうだ。

基本的にノートラブルで、これまで維持費もあまり掛からないできている。だが、購入して3年目にクラッチが切れなくなったことがあった。エンジンを載せ替えないと修理できないために、約20万円掛かった。また、5年目にはエキゾーストパイプが破れて交換した。これにも約20万円要した。珍しいトラブルでは、左前輪のスタッドボルトがタイヤ交換をしている際にポキッと折れてしまったことがある。

「最低でも年に2回は交換するので、それが原因なのかもしれません」

寄る年波には勝てなくて、運転するとボディの各所からキシキシ、カタカタという異音が聞こえてくるが、浅間さんは今のこの状態が気に入っている。

「ジーンズでも履いていくうちに体に馴染んでいくものでしょう？　このクルマも僕らに馴染んできて、今はいい関係にあるんですよ。新車のうちは慣れなかったり、緊張したりでリラックスして乗れませんでしたからね」

いかに安全快適かつ速くスキーに行くかという目的に、GT‐FOURがピタリと合致したので、浅間さんは10年にわたって乗り続けた。運転感覚が気に入ったということも、乗り続けている理由だ。チェーンを巻く手間から解放され、安全に雪道を走ってスキーに行けていることに10年間変わりはないのだが、変わったことがあった。雪国への高速道路が次々と開通し、一般国道の除雪状況も改善され、昔ほど雪道を走らなくてもスキー場に着けるようになったのである。

「それに、暖冬のせいなのか昔よりも雪が降らなくなったように思いませんか?」

同感である。スキー場の近くの峠道には変わらず雪が積もっているが、毎冬ごとに長足の進歩を遂げている現在のスタッドレスタイヤならば、よほどの深雪でない限り走ってしまう。舗装路面でのブレーキやコーナリング性能、快適性なども以前のものより格段に向上している。4輪駆動のアドバンテージも大きくはない。つまりGT‐FOURの雪道での有り難味は薄れていることを浅間さんはわかっていて、これからも乗り続けようとしている。それだけGT‐FOURを気に入っている。GT‐FOURは半ば忘れ掛けられた存在かもしれないが、長く乗り続けるに相応しい内容を持っているのである。季節には関係なくても。

トヨタ・セリカとは?

先々代にあたる、通称“流面形セリカ”のフルモデルチェンジの1年余りのちに追加されたフルタイム4輪駆動版。浅間さんのGT-FOURは初期型。4輪駆動システムが、50:50で前後輪にトルクを伝達するベベルギア式のセンターデフを用いた文字通りのフルタイム方式となっている。このあとに登場したマイナーチェンジ版は、システムをビスカスカプリング方式に変更している。
トヨタがGT-FOURを市場に送り込んだ主な目的のひとつは世界ラリー選手権に参戦してチャンピオンを獲得することにあったようだ。事実、のちにトヨタは往年のラリースト、ウベ・アンダーソン率いるトヨタ・チーム・ヨーロッパによって王座を獲得している。先代のセリカにもGT-FOURは引き継がれ、ラリーフィールドで覇権を競った。
前輪駆動版のセリカとの外見上の識別点はフロントグリル下に標準装着された一対のドライビングライトで、ライトオンして黄色い光を放っていなくとも、これだけで軟派なセリカが一転して硬派に見えたものだ。排気音も硬派で、低く太い。性能的にも伊達ではなく、『CG』誌の記事では当時のソアラを除いた国産車中最速のデータを叩きだし、追い越し加速のいくつかの速度域ではポルシェ911すら凌いでいるのである。のちに登場するNSXやGT-Rの影に隠れてしまい存在感が薄いきらいがあるが、1980年代を代表する1台という評価は外れてはいないだろう。

デザイナーの自戒

三輪美智子さんとホンダ・クイント・インテグラ（1986年型）

ヒット車は社内から

雑誌が褒めたクルマは売れないらしいが、自動車メーカーの社員が飛び付くクルマは、まず間違いなくヒットするという興味深い話を聞いた。話してくれたのは、本田技術研究所で2輪車のデザインをしている三輪美智子さんと夫の幸司さん。幸司さんも同じ職場に勤めている。

「発表される6カ月から3カ月くらい前に、社員の買い替えをピタリと止めるクルマは、世の中でも間違いなくヒットしますね」

最近のホンダのヒットであるオデッセイも、CR‐Vも、ステップワゴンも、そしてデビュー後1カ月の受注台数で初代シビックの持っていた記録を塗り替えたS‐MXも、ホンダの社内でも売れた。

一般の顧客は知ることができないが、社員ならば発表の6カ月から3カ月前くらいになれば、だいたいどんなクルマが出てくるかということは察しが付く。したがって、買い替えを考えていても、良さそうなクルマが出るとなれば、〝ちょっと待ってみよう〟という気になるのである。

HONDA
INTEGRA
QUINT GS
所沢55
り69-98

「新車が発表されると食堂の前に展示されますから、買い替えを考えている人でなくても、善し悪しの評価はみんな一応は下しますね。ですから、中には〝これはちょっと売れそうもないな〞ってわかっちゃうクルマもありますよ」

三輪さんが言う通り、オデッセイをはじめとするRVが売れているのとは対照的に、現在のホンダのラインナップには売れていない車種が何台かある。

1997年2月の登録台数で調べてみると、数十台しか売れていないのが3車種あり、うち2車種は43台のNSXよりも少ないのだ。いずれも乗用車で、他にも300台未満が2車種、800台未満が2車種ある。それらの車種は、当然のように社内でも売れていないという。

そして、86年型のクイント・インテグラに11年間で21万6000kmも乗ってしまった三輪さんは、次に自分が乗るクルマが見当らないと嘆いているのだった。10万kmを超える頃から、交換しなければならない消耗部品が増え、ボディのあちこちからガタが来るようになった。

「これ以上走らせるのは酷かなと、いつも思っているんですけど、手当てをするとまた元気を取り戻すので、ついこんなに乗っちゃったんです」

とにかくボディのガタがひどくなってきていて、歪んでいる。その結果、運転席のドアノブの隙間から外気がヒューヒューと入り込んできたり、フロント・タイヤのアライメントが狂って接地面の内側だけが減ったりしている。ショックアブソーバーも、8万kmと19万kmの時点で2回交換した。

シャシー関係以外では、電装品の消耗が激しい。バッテリー3回、ワイパー・モーター1回、パワーウィンドウ・モーター2回、ヘッドライト・スイッチ1回、シールドビーム・ヘッドライト・ユニットを丸ごと1回交換している。リア・ワイパーが動かなくなり、リトラクタブル・ヘッドライトが下がなくなったこともある。

原因不明で自然治癒してしまったのが、雨の日のエンジン・ストップだ。アクセル・オフすると、スッとエンジンが止まってしまうことが頻発した。それも決まって、雨の日にしか起きなかった。

「雨の日のエンジン・ストップと、タイヤの片減りはクイント・インテグラの持病のようで、会社で乗っているほかの人も悩まされているようですよ」

本田技術研究所の駐車場を見渡すと、三輪さんと同じようにクイント・インテグラや初代と2代目のCR-Xに乗り続けている人がまだまだいるそうだ。

コンセプトが光る

三輪さんがクイント・インテグラに乗り続けているのには、次に乗りたいクルマ、が見当らないということのほかに、面倒見のいい修理工場の存在が大きい。

「会社のそばの、オートガレージ高橋という工場に出しているのですが、よくやってくれるので助かります。高橋さんに見てもらっていなければ、ここまで乗り続けていなかったでしょう」

ショックアブソーバーを取り替えた時も、2回とも中古品を探してきて取り付けてくれた。

「どうせ、そんなに長く乗り続けるわけじゃないだろう」というのがその理由だったが、高橋さんが丁寧な仕事を安く上げてくれることに三輪さん夫妻は感謝しているのである。そして、三輪さんがクイント・インテグラを乗り続けることを告げると、高橋さんは思い直したように「まだ乗るんですか。それじゃあトコトンやりましょう」と請け負ってくれた。それではボディの歪みを直して欲しいと頼んでみたが、さすがにそれは無理と断られてしまった。幸司さんのトヨタ・ハイラックスも高橋さんに車検整備を頼んでいる。

三輪さんが21万km も距離を伸ばしたのは、往復約130km という通勤距離の長さにある。ほとんどが関越自動車道で、一般道に下りても通過する信号が青だと、一度も止まらないで会社から家まで着いてしまったこともある。

走り始めたら一度も止まらないというのは、クルマにとっては理想的な使われ方だ。発進と停止を繰り返すことは、ブレーキやサスペンションを酷使し、走行風によってエンジンの熱を冷ますことができなくなるのでクルマにとっては最も苛酷なこととなるからだ。

したがって、三輪さんの21万kmは他の条件にある人のクルマの21万kmとは、意味合いが違う。少し割り引いて考えなければならないのかもしれない。

しかし、高速走行の多さがボディの歪みを促したかもしれないし、まあ何とも言えないところだ。はっきりしているのは、三輪さんがクイント・インテグラに乗り続けたことで、自分は1台のクルマに長く乗り続ける人間なのだということが自覚できたことだった。

クイント・インテグラが初めての自分のクルマで、持つ前はクルマというのは車検の度ごとか適当な時期に買い替えるものだと思っていたのである。

「次のクルマも長く乗り続けるでしょうから、とにかく飽きが来なくて、長く乗り続けられる丈夫なクルマを納得づくで選びたいんです」

オデッセイの良さはわかるけれども、自分には大きすぎる。他のホンダのRVには一切食指を動かされず、乗用車の中にはこれといったものがない。RVは流行にすぎず、すぐに飽きてしまうだろうとい

ホンダ・クイント・インテグラとは？

1985年に登場した3/5ドアクーペ(5ドアは、9カ月後追加された)。ZC型1.6ℓ16バルブDOHC Cエンジンは115ps/6500rpmを発生し、キャブレター版の他にGSiというインジェクション版（135ps/6500rpm）もあった。当時のプレリュードのそれによく似たリトラクタブル・ヘッドライトと3次曲面の大きなガラスハッチを持ったスペシャリティ・カー風の出で立ちをしているが、れっきとした5座席を持つ実用車だ。ホンダのラインナップの中では、シビックよりは大きく、アコードよりスポーティで若者向きという位置付けにあった。ただし、ボディの大きさは、全長4280×全幅1665×全高1345（mm）とアコード・ハッチバックとほぼ同じだ。最近では軽自動車にも装備されている集中ドアロックが付いていなくて不便に感じている。姿勢が猫背になってしまうシートも数少ない不満なところ。

う。

「今のインテグラは、クルマの性格をスポーティに振りすぎています。特に内装の圧迫感が強すぎて、日常の使用には窮屈なのではないでしょうか」

一度は、プレリュードがモデルチェンジした時に注文書を書き掛けたこともあったが、エンジン排気量が２２００ccも要らないのではと止めにした。クイント・インテグラはキャブレター付きの１６００ccでも、とてもよく走るからだ。日本ではなぜか人気のない5ドアというボディ形式も気に入っている。リアシートを畳むと、自転車を2台積むことができるほど広い。

スペシャリティ・カー（懐かしい！）のスタイリングをしていながら、5ドア・ボディの実用性を備えた、クイント・インテグラのコンセプトが登場から12年を経ても光っているのである。そのことについて、三輪夫妻は分野は違いながらも自動車メーカーのデザイナーとして自戒を込めながらといった口調で、なぜ乗りたいクルマが少ないのかを分析した。

「クルマのコンセプトをはっきりさせようとしすぎると、それが却ってユーザーには押しつけがましく感じられてしまうんじゃないかな」

他との差別化を狙うあまりに、範囲の狭い乗り方や使い方ばかり突出したクルマになってしまう。毎日乗って飽きが来ないクルマというのは、間口が広くなくてはならないということだ。その意味で、クイント・インテグラは間口の広いクルマだろう。

「デザイナーなのだから、いつまでも古いクルマに乗ってちゃいけないのかもしれませんけれど……」

新しいクルマを選ぶというのは、気持ちをワクワクさせてくれる〝楽しい悩み〟のはずだが、三輪さんは一向に楽しくなさそうだ。気が重くなるだけだという。悩みは深いのである。

Volkswagen Type 1　20年／24万8000km

248000km

転勤族のカブト虫

荒木 優さんとフォルクスワーゲン・タイプ1（1966年型）

64年当時、月給1万4～5千円、新車のビートルは57～58万円だった。

新幹線を広島で降りると、駅前にフォルクスワーゲンのビートルが停まっていた。きれいな薄水色のビートルのボディが、雨の雫を弾いている。持ち主の荒木　優さん（55歳）は通りかかった知り合いらしい人と、傘を差して立ち話をしている。

「あそこに見える大きな建物が、一昨年アジア大会が開かれた〝ビッグアーチ〟という体育館です」

ビートルに乗せてもらい、駅を出て広島市内を走る。観光案内されている気分。

「その塀は広島城のもので、ずっと先まで続いているんです。戦争中は、その辺りは大本営があったところですよ」

リーガロイヤルホテル向かい側の「ひろしま美術館」にビートルを停める。雨はまだ止まない。〝広島〟と〝ひろしま〟。〝ヒロシマ〟というのも。広島には、3通りの書き方があるようだ。

アメリカのオレゴン州ポートランド市から来たという旅行者が荒木さんのビートルを興味深そうに見

広島5
な 60-87

て、訊ねてきた。

「1959年型ですか？」

――いいえ、1966年型です。

「新車から持っているのですか？」

――いいえ、1976年に譲ってもらったものです。

「どのくらい走りましたか？」

――24万8000kmを越えたところです。

「それはすこいですね」

ドイツのクルマを肴に、しばしの日米親善。ひろしま美術館の喫茶室で、今度はこちらが荒木さんとビートルの20年と24万8000kmについてうかがう番だ。

広島銀行に勤める荒木さんがビートルを購入することになったのは、奥さんの勤務先に東京から赴任してきた人のビートルに乗せてもらったことがキッカケだった。

「走りの良さに感動しておりました」

荒木さんはクルマを持っていなかったが、独身時代にスバル360を1年間持っていたり、東京に転勤していた時には寮の仲間6人でプリンス・スカイラインを共同所有していたこともあった。

1964年に銀行に就職した当時、月給が1万4～5千円で、新車のビートルは57～58万円で買えたという。日産ブルーバードが55万円だった頃である。

「ちょっと努力すれば自分にも買えるかもしれない値段でしたが、当時は〝銀行員がガイシャに乗るなんてけしからん〟という風潮が強かったので、買う気は起こりませんでした」

だが、それから12年ほど経ち、そのような〝風潮〟も弱まったと荒木さんは判断したのだろう、ビートルを手に入れた。乗せてもらったビートルの持ち主がヤナセに車検に出した時の担当メカニック氏が持っているビートルを譲ってもいいという話に飛び付いたのである。

昭和52年、広島駅東側の荒神陸橋で、99999から00000に。

やがて、家族ぐるみで交際していたビートルの知人も、ヤナセのメカニック氏も転勤し、また荒木さん一家も松江や松山や岩国に転勤を続けた。もちろん、ビートルも一緒に引っ越した。

「銀行員に転勤は付きものですけど、私は広島から東西南北の方向へ転勤した珍しい例なんですわ」

そう言うと、荒木さんはクッキリとした眉を上下にピクピクさせて笑った。最近の銀行員には、口では笑っていても眼は笑っていない人が多いが、荒木さんは心の底から嬉しそうに笑っている。10万kmを越えた時のことも、とても嬉しそうに思い出す。

「この向こうの広島駅の東側に荒神陸橋という陸橋があるのですけれど、昭和52年にその上を通る時にメーターの数字が99999から00000に変わりました。感無量でしたね」

その晩、荒木さんは帰宅してビートルにシャンパンをかけて祝ったのだそうだ。

荒木さんには奥さんと娘さんがひとりいるのだけれど、彼女たちもこの時は一緒に10万km達成を祝ってくれた。ところが時が経ち、ビートルに故障が続くようになると、彼女たちはビートルに乗りたがらなくなってしまった。松江に転勤した84年には、娘さんは中学1年生。異性を気にし出す年頃である。〝ボロ車に乗っているところを同級生に見られると恥ずかしい〟と、上半身を伏せて隠れたりしていた。

奥さんからも、セルモーターなどの故障で〝道路で押させられるのはイヤ〟と嫌われ、仕方なく奥さん用の日産マーチを買わされる羽目に陥ったりした。

となると、ビートルは荒木さんの休日にしか動かされることがなくなり、どんどん調子が悪くなっていった。そんな時に出会ったのが、島根県玉造市のエイコー自動車という修理工場だった。フォルクスワーゲン好きの社長に勧められて、イグニッション・スイッチをボタン式に替えたり、タイヤやバッテリーを交換してもらったりしていた。それでだいぶ調子はよくなっていったが、相変わらずセルモーターで始動しなかった時のことを想定して、駐車する時には坂道を見付けて停めるようにすることには変わりはなかった。特に、家族以外の人を乗せる時には緊張し、一発でかかった瞬間は内心ほくそ笑んでいた。

その後、松山に転勤していた2年間は特にトラブルもなく過ごすことができた。一度、知らない人からビートルを譲って欲しいと言われたことがあった。突飛だったので、今でもよく憶えている。

「国道11号線を走っていると、後ろにピタリと付いてくるクルマがさかんにクラクションを鳴らしたり、手を振っているんです」

荒木さんがそのまま走り続けると、そのクルマは荒木さんを追い越して前にクルマを停め、降りてきた。

「品は悪そうではないけれど、なんとなく気味が悪かったのでドアをロックしました」

荒木さんは窓を閉めたまま、「なにごとですか」と訊ねると、相手は名刺を出して窓を開けてくれと言っている。窓を少しだけ開けると、「ワーゲンが大好きで、このクルマは以前から広島銀行の駐車場でずっと見ていました。いつまで乗られるのですか」と譲ってくれという。

荒木さんが「いやあ、まだ健在ですから」とやんわりと断っても、飽きたら譲ってくださいと名刺を渡して別れた。

「〝わかりました〟と名刺は受け取りましたけど、絶対に譲ってやるものかと内心思いました」

それは、強引に停めさせられたことに立腹したこともあるが、この時からビートルを乗り続ける自覚を深めたのではないか。荒木さんは自分では言わなかったけど、そんな感じがする。

女房とクルマを乗り換えていない私にとって、ワーゲンとは離れがたい。

荒木さんとビートルの生活は、転勤が区切りになっている。2年の松山勤務が終わると、今度は岩国支店勤務が待っていた。引っ越し先のマンションの近くに屋根付き駐車場を2台分借りることができ、ビートルと奥さんのマーチを並べて駐めることができたのは望外の喜びだった。

奥さんがマーチのバッテリーを上げてしまい、JAFのロードサービスを呼んだことがあった。充電作業を終えたサービスマンは、「どなたのですか」とさかんに隣に止めてあるビートルを眺め回していたと帰宅後荒木さんは奥さんから聞いた。

その後になってもこのサービスマン氏は、荒木さんのビートルのことがよほど気になっていたようで、名刺を持って訪ねてきた。名刺には、〝ワーゲンが大好きです。何かあったら連絡ください〟と書いてあったから、留守を想定してワイパーにでも挟んでおくつもりだったのだろう。荒木さんは留守ではなく、ちょうど引っ越しの作業の真っ只中だった。3年が経ち、再び広島へ戻ることになった。

サービスマン氏は、JAFから委託を受けた岩国の蔵永自動車という修理工場の蔵永さんだった。蔵永さんはビートルを譲ってほしいとは言わず、ありきたりの挨拶をして別れた。

フォルクスワーゲン・タイプ1とは?

基本的なボディ・スタイルは不変なフォルクスワーゲンのタイプ1だが、細かいところは年を追うごとに変わってきている。ちなみにビートルというのは通称で、正式にはタイプ1という。タイプ2が3ボックス型のノッチバック・セダンで、タイプ3はデリバリーバンやマイクロバスなどのワンボックスのことだ。

荒木さんの66年型タイプ1には、最後期型にはない外見的な特徴を備えている。メッキパイプを2本使った大きなバンパーやフラットなフロント・ガラス、出目金のように周囲が盛り上がったヘッドライト、細いテールライトなどだ。細いテールライトは、後ろ姿をエレガントに見せる。

31年前に製造されたクルマだが、ガッシリとしたボディはさすがだ。だが、サビには勝てず、床を張り替え、サイドステップを新調している。クラッチ・ワイヤーは2度切れ、アクセル・ペダルの支柱がサビて折れたことがあった。取材時は、まったく好調に走っていた。

広島に戻った当初は電車通勤をしていたが、岩国のスーパーマーケットに出向してからは、ビートルを運転していくようになった。昨年のある日、通勤途中でクラッチを踏み込んだ瞬間にプッという異音が聞こえ、切れる兆候ではないかと、とっさに蔵永自動車を思い出して駆け込んで修理してもらった。

工場に出入りする古いワーゲンやポルシェのオーナーたちの1泊2日のドライブ旅行に誘われたりして、クラッチ・ケーブル修理が縁で蔵永自動車と本格的な付き合いが始まることとなった。それまで修理や車検を頼んでいた修理工場に断りを入れた上で、車検も蔵永自動車に依頼するようになった。わざわざ断りを入れるというところに荒木さんの人柄が表れている。

ワーゲン好きの蔵永さんは、エンジンのオーバーホールを荒木さんに提案した。完治していなかったセルモーターも徹底的に直すことにした。

「蔵永さんは、ドライブ旅行でこのクルマの走りや状態をきっとじっくり観察されていたのでしょう」

蔵永さんは勧めた。

「きちんとオーバーホールすれば、見違えるほど蘇り、あと20年は乗れるでしょう」

見積もりは、60万円だった。

「女房とクルマを乗り換えていない私にとってワーゲンとは離れがたく、じっくり検討した上で決断しました」

ビートルと並べられても奥さんは困惑するだろうが、荒木さんの決断は一世一代のものだったようだ。1カ月を要したオーバーホールは大成功で、エンジンは快調になった。パサパサパサと乾いたいい音をしている。ひろしま美術館の駐車場でビートルを見せてもらっていると、また荒木さんは知り合いを見付けたらしく、雨の中を小走りに近寄っていって挨拶している。実に、マメな人なのである。ビートルが似合っている。

おまえ100まで、わしゃ99まで

佐藤規夫さんと日産グロリア（1990年型）

花柄アロハの郵便局員

静岡県浜松市の町はずれの住宅地。

2台がやっとすれ違えるぐらいの狭い道に面した、どこにでもあるような屋根なしの月極め駐車場の1区画にジャガーのスーパーカー、XJ220が停められていたからビックリした。

バブル景気を当て込んで（としか考えられない）華々しくデビューした、あのXJ220である。車名の由来にもなっている最高速220マイル／hを豪語する猛者だ。そんなスーパーカーがカバーもかけられず、先の信号待ちで止まっているクルマや歩行者から丸見えの月極め駐車場に置かれている。あこの不条理！

「ね、驚いたでしょう。でも、なぜか三重ナンバーがついているんだなぁ。この辺の人が持っているのかな。ちょっと聞いてみましょうか」

いったい誰に聞くのだろうといぶかる隙もこちらに与えずに、佐藤規夫さん（47歳）は、駐車場の隣の米屋にスタスタと入っていった。

「ごめん下さぁい。隣のジャガーの持ち主を知りませんか」

佐藤さんの単刀直入ぶりに、店の奥から出てきた米屋のオヤジさんも何が何だかわからなさそうだった。

「そうですか、どうも。じゃ、カネコさん、奥のウチ、聞いてみましょうか」

と言い終わるか終わらないうちに、佐藤さんはもう小走りに歩き始めている。スタスタスタ—ッ。路地を入り、駐車場の裏手に当たる家の呼び鈴を押して、同じ調子でＸＪ２２０の持ち主について訊ねていた。

その調子は掲示のような重苦しいものではなく、あくまで飄々としていた。さすがに郵便局で簡易保険の集金と勧誘に毎日街に出ている人だけのことはある。

佐藤さんは、ディーゼルエンジン版のグロリアに12万km以上乗っている。

「グロリアの話をする前に、ちょっとビックリするクルマを見に行こうか」と、待ち合わせ場所からグロリアに乗ってＸＪ２２０を見に来たわけなのである。

花柄の派手なアロハ、ジョーツ、白のソックスの上からプレーンなスニーカーを履いている。日に焼けた肌に、若い頃の片岡鶴太郎とマルセ太郎を足して割ったようなルックスが、とてもクールだ。郵便局員の制服姿なんて想像できない。

グロリアに乗る前は、佐藤さんはスカイラインに8年間乗っていた。運転免許を取ってからスバルｆ

f-Iとレオーネに乗った以外は、７台の日産車を乗り継いできた。

佐藤さんがグロリア・ディーゼルを選んだのは、日産車ファンゆえのことではなく、真剣に熟考を重ねた結果なのである。その熟考というのは、佐藤家の使い道に合致したファミリーセダン選びである。その条件はとてもはっきりしていて、以下のようなものだった。

佐藤さん夫妻、両親、子供２人の６人で、２泊３日のスキー旅行にでかけられるクルマというのが基本で、そのスキー旅行は片道４５０㎞ぐらい走る。できれば往復無給油で走れればいうことがない。サイズは5ナンバー枠内で、全高が１・５ｍ以上、ホイールベース２・７ｍは欲しい。最小回転半径は５ｍを切ってもらいたい。ランニングコストをすこしでも軽くするため、ディーゼルエンジン搭載車も積極的に候補に入れる。

「このクルマを買おうとしていたときや、軽油が１ℓ60円しなかったので、ディーゼルのクルマが魅力的だった」

カレンダーに×をつけて納車を待った

佐藤さんは、たしかにディーゼルエンジンが吐き出す黒煙は問題だろうと認めている。しかし、その他の排気物についてはガソリンエンジンよりも、むしろきれいにできるらしいと聞いている。限りある化石燃料だから、環境保全と省エネルギーを秤にかければ、もっとディーゼルエンジンを載せた乗用車が日本で普及してもよいのではないかと提言しているのである。

「あの環境を大切にするボルボにも、このごろのモデルでは４４０、４６０、９４０とディーゼルがあるんです。メルセデス、BMW、フォルクスワーゲンなどのディーゼル車も日本に輸入されてましたよね。フィアットにも、プジョーにもローバーにもディーゼル乗用車はたくさんラインナップされているじゃありませんか。日本人もディーゼルを毛嫌いしなくてもいいじゃありませんか」

佐藤さんは、ロンドンに旅したときに買った『Diesel car』という雑誌を広げて、なぜ日本にはディーゼルが少ないのかを嘆いた。

グロリアのほかにも、ディーラーに出かけていって、クラウン、サニー、シャレード、ゴルフなどのディーゼルエンジン車を試乗してみた。

「グロリアに決めたのは、このRD28という6気筒エンジンに興味があったから。振動が少なくて、パワーも十分あった」

5台のなかでグロリアの次によかったのが、以外なことにシャレード・ディーゼルターボだった。小排気量なのに、振動が少なく、活発に走った。

各車を検討していた時期に集めた、自動車雑誌の試乗記事やカタログなどを佐藤さんは今でも大事に取ってある。グロリアのものは、何度も手にしているので皺が寄ったり、角が擦れてきている。

グロリア4ドアセダンディーゼルの写真が掲載されているページの余白には、佐藤さんが記した納車日までのカレンダーの日付が並んでおり、1日ずつ×印で消されている跡が残っている。納車が待ち遠しかった様子がうかがわれて、いじらしい。

「契約書にハンコを押す最後の瞬間まで、セールスマンは何度も『このクルマでいいんですね』と念を押しましたもんね。ディーゼルエンジンであるうえに、マニュアルトランスミッションですから下取りなんてゼロになりますよという意味なんですけど、長く乗るつもりだったから関係ありませんでした」

じっくりと検討して選んだだけあって、佐藤さんはグロリアディーゼルにおおむね満足している。
「ちょっとトロいかなと感じるときもあるけれど、浜松は平地だから気にしなければ気になりません。さすがに山道や高速道路の上りはキツいけどね」

ディーゼルのウマ味を知るために

ディーゼルにした最大の理由である燃費も、普通では8〜9km／ℓ、ベストは14km／ℓということもあった。1kmあたりの燃料費は、軽油税が上がる前は5〜8円／kmだったが、現在は10円／km前後になってしまった。

いままで最も費用がかからなかったのは、家族で千葉にある東京ディズニーランドに行ったときの4・75円／kmだ。ひとりあたりにすれば驚異的に廉価である。

佐藤さんは、新車以来の燃費と軽油代金をパソコンに入れていて、1ℓで何km走ったかと、1km走るのに何円かかったかの変化を記録している。

「これをやらんとね、ディーゼルに乗っているウマ味がわからないからな」

グロリアを購入したときに較べると、いわゆる諸経費が高騰している。軽油税が上がったうえに、自動車税も3万9500円から5万1000円に上がった。いくらディーゼルエンジンの燃費が優秀であっても、上がった税金が燃料代に上乗せされたらランニングコストはどんどん上昇してしまう。

それでなくても、ディーゼルエンジンはエンジンオイルを頻繁に交換しなければならなかったり、燃料噴射ポンプの点検と調整をシビアに行わなければならなかったりして、ランニングコストはかさむのである。

ディーラーがクレーム扱いで修理したので、佐藤さんが代金を払うことにはならなかったが、グロリアは約7万kmの時点でエンジンのシリンダーブロックを交換している。シリンダーが膨らみ、ピストンがシリンダー内壁に斜めに当たるようになってしまったのだ。

「個人タクシーで、同じＲＤ28エンジンを積んでいるグロリアを使っている運転手に聞いたら、やはりエンジンブロックの歪みが大きくなってしまったことがあるって言ってました」

ほかにもジェネレーターやウォーターポンプなどの重要部品を交換したりしている。マフラーの中間部分に穴が開いて取り替えたり、左右のパワーウィンドウが動かなくなってしまったトラブルも経験している。

「国産車はイカレないっていうのはウソだよ」

では、いつまで乗り続けるつもりなのですかと訊ねると、

「おまえ１００まで、わしゃ99まで、おまえにお金がかかりすぎるまで」と佐藤さんは面白い人なのである。

「あ、ちょっとゴメンなさい。ピッチが呼んどる」

アロハの胸ポケットからＰＨＳを取り出すと、佐藤さんは片言のポルトガル語で話し始めた。

人口約57万人の浜松市には現在８０００人のブラジル人がいて、佐藤さんも街のあちこちで南半球からやって来た人たちと接している。佐藤さんが所属しているアマチュア写真グループとブラジルの写真グループがお互いの街を撮影して、ブラジルで浜松を撮影した写真展を、浜松でブラジルを写した写真展を交互に開催するために、佐藤さんは現在ポルトガル語を猛勉強中なのだった。

日産グロリアとは？

Y31型と呼ばれる日産セドリックとグロリアの双子車がデビューしたのは1987年。佐藤さんのグロリア・ディーゼルは、その中でも実質的な内容のものだ。購入価格は240万4000円だった。全長×全幅×全高＝4070×1670×1042mmという5ナンバーボディ、1500kgの車重のグロリアを95psのRD28エンジンが引っ張る。本文中にもあるように、このRD28エンジンは振動と音の小ささが高く評価されたディーゼルエンジンだった。12万4000kmあまりを走行した佐藤さんのグロリアの助手席に乗ってみても、不快な振動や騒音は皆無である。テールパイプから吐き出される黒煙については佐藤さんも気にしていて、車検や定期点検の度に、点火時期の調整を厳密に行なうよう工場に指示している。
「モービルのディーゼルオイル添加剤を入れるといずれも少なくなるのでいいですよ」
次に乗るクルマとして、ミニバンが有力候補だが、「ふつうのオヤジになるから嫌だな。過激な不良用のワンボックスってないのかな」。

モデル末期のクルマは買うべきな話

土屋智恵子さんとBMW325i（1991年型）

壊れるクルマもステイタス

クルマに限らず、あらゆる工業製品はモデル末期のものを買うべきだという人がいる。もはや設計変更もなく、生産も円滑に行なわれているから品質が高いというのがその理由だ。

もっともな話だが、モデル末期のクルマを買ってヒドい目に合う場合もあるということを土屋智恵子さんの話を聞いて初めて知った。

土屋さんはE30型と呼ばれる旧型BMW3シリーズにどうしても乗りたくて、新型のE36が発表されているにもかかわらず、BMWジャパンに都内中の在庫車を調べてもらい、1台だけ残っていた325iを購入した。1991年のことだ。

「当時はBMWに乗ることがステイタスだと信じ切っていましたから、どうしてもBMWが欲しくて欲

しくて」

この時すでに新型の3シリーズは発表されており、自動車雑誌にはヨーロッパで行なわれた試乗会で絶賛されているリポートが掲載されていた。

「ええ、それは知っていました。でも、ショールームに飾られたサンロクを見ると、全体的にどうも国産車っぽくなった印象を受けました。インパネにはスイッチがたくさん並んでいるところなんか、私がそれまで乗っていた日産レパードのようでした」

念願かなって手に入れた325iだったが、最初の3年間は重大な故障が続いた。

「クルマが止まるか、ボンネットの隙間から煙が出るか、その連続でしたね。見なかったのは炎だけです『憶えているだけでも、オーバーヒートで走れなくなることが3～4回、突然のエンジン・ストップが5回はあったという。

第2京浜国道の品川辺りを走っていて、いきなりエンジンが止まった時など、人の助けを借りて路肩に寄せるまでに背後に渋滞を作ってしまったほどだ。

下り坂でエンジンが止まった時には、油圧の低下からパワーステアリングはアシストがなくなって異常に重くなり、ブレーキも同様に効かなくなって、ほとんどコントロール不能。ドキッとさせられた。

ファミリーレストランのテーブルを囲んで、土屋さんは微笑みを交えながら325iを買った当初のことを思い出してくれるが、その時はきっとこんな柔和な顔ではなかったに違いない。

それにしても、新車で買ったクルマが壊れまくって、土屋さんはよく我慢できたと感心してしまう。

「壊れるクルマを維持するのもステイタスだと思っていたのかも知れませんね」

土屋さんは、菩薩のような慈悲をもって325iに相対していたようである。まぁ、ふつうだったら

〝やっぱりガイシャは壊れるんだ〟と諦めるか、怒りが爆発してクルマを叩き返すところだろう。

「本人を目の前にして言い難いですけど、極端に運が悪かったんですね」

ＢＭＷジャパンの担当者、畔蒜良幸さんは当時を振り返る。

壊れやすい原因は長期在庫

畔蒜さんによれば、エンジンがオーバーヒートを起こすのは、エンジン・ルーム内の電動ファン・レジスターという部品が熱せられ、本来抵抗値が上がることによって電動ファンが作動するところを、作動したりしなかったりする不安定さからだった。

いきなりのエンジン・ストップにしても、エンジン回転をコントロールしている、ボンネット内のコンピューター・ボックスに雨水が入ったり、結露したりしてショートしたことが原因なのだそうだ。

ファミリーレストランで土屋さんと隣り合って座っている畔蒜さんは、なぜ土屋さんの３２５ｉが故障し続けたのかを丁寧に解説してくれた。

その中には、〝輸入車は壊れやすいのではないか〟と漠然と信じ込まれている理由の一端が表れていたので、僕は思わず膝を乗り出して聞いてしまったのである。

それによると、土屋さんの３２５ｉに故障が頻発した直接的な原因は、電動ファン・レジスターが作動不良を起こしたり、コンピューター・ボックス内部に結露したことだが、ではなぜそんなことが起きたのかというと、ここが肝心なところで、土屋さんの３２５ｉが長期在庫されていたクルマだったからだというのだ。

「90年12月から在庫されていたクルマなんですね。納車が91年4月ですから、少なくとも5カ月間は倉庫にずっと置かれていました」

同じような話を修理工場で聞いたことがある。あるヨーロッパからの輸入車のある年式のある車種に故障が目立ったことがあった。正規輸入ディーラーが輸入したクルマなのにおかしいなと、その工事主がいぶかったところ、原因は長期在庫だった。

「クルマを動かさないで置いておくのが一番よくないんです。エンジン・オイルは全部オイルパンに落っこっちゃって、場合によっては錆びることだってある。そんなこと一般のお客さんは知る由もないから、エンジン掛けて走りだしちゃうと一発で壊れちゃうんですよ」

トランスミッション、プロペラシャフト、ホイール・ベアリングなどあらゆる可動部分に悪影響を及ぼす。

その工場主によると、故障の続いたそのヨーロッパ車の輸入ディーラーが悪質で、ヨーロッパ車はモデル年式が外見から一目ではわからないのをいいことに、顧客に長期在庫されていた旧年式モデルだとの説明を怠って販売していたのだという。

このような場合、商習慣では「外見は同じですが旧年式車ですよ」とはっきり表示するか、一度ディーラーの名義で登録だけ行い、〝新古車〟として値段を下げて販売するのが一般的だそうだ。

土屋さんの325iはきちんと説明された上で納車されたし、BMWジャパンには立派な倉庫もある。故障が続いたのは、個体差によると考えることもできるが、モデル末期のクルマを買うのが安心とは必ずしも断言できないということが、これでおわかりいただけただろうか。

BMW325iとは?

コンパクトな3ボックス・ボディに、スムーズな6気筒エンジンを搭載したスポーティ・セダンの見本のようなクルマ。E30型と呼ばれる土屋さんの325 iは、3シリーズの2代目にあたる。初代、2代目とも日本では一種のブームのようなもてはやされ方をしていた。カタログデータ上は国産車に及ばず、見た目にもわかりやすい豪華さや高性能をアピールするところもなかったのに、「ビーエムに乗ることがステイタス」とひとり歩きしてしまっていた。約500万円という車両価格も、安くはない。値段を納得させるだけの内容を持ったクルマだということは長く乗ってみてこそわかるタイプだが、ブームとはオソロしいものだ。本文中にある通り、土屋さんの325 iは最初の3年間で壊れまくった。2ℓエンジンを積む320iは、畔蒜さんによれば325iほど壊れなかったらしい。エアコンを除くと現在は快調に動いているが、ZF社製の4段ATの寿命が心配なのだそうだ。最近になって、リバース・ポジションにシフトした際のショックが大きくなってきた。畔蒜さんの見積もりによると、ミッションの修理に30万円、エアコンに15万円、エアコンのレトロフィット組み込みに5万円ぐらいかかるだろうとのことである。

今はそれだけではない関係

土屋さんは、325iを直し直し乗って代わりのクルマが見つかったら買い替えるつもりでいた。

「直していないところがないくらい直しました」

ところが皮肉なもので、最初の3年間を過ぎてからは、徐々に快方に向かい、今は

「エアコンが効かなくなった以外は、絶好調」という。

高速道路のコーナーや車線変更をする時の一体感が、325iを走らせる楽しみにすらなってきたという。

「故障が続いていた頃はお客様と担当者というだけの関係でしたから、〝済みません〟と謝るしかありませんでしたね」

ということは、今はそれだけではない関係ということか。なるほど。

土屋さんは325iでずいぶん大変な目に合ったわけだけれど、そのおかげといってはナンだが、素晴らしい人に出会えたということだ。「325iは私になじんだクルマ」とか言っているが、ダメな325iを媒介にして尊い人を得られたからずっと乗っているのではないだろうか。

1台のクルマに乗り続けているといろいろなことが起きるものだと納得しながら、ふたりを見送った。

畔蒜さんの328iは、土屋さんの325iと同じ紺でも微妙に色調が異なった紺だ。ペアルックというのは聞いたことがあるが、ペア3シリーズというわけだ。そういえば、腕時計もダンヒルのお揃いだった。

純情スカイライン物語

鶴田光浩さんと日産スカイライン（1990年型）

目から鱗が落ちた

子供の頃に鉄棒の逆上がりができた時のことを思い出してみてほしい。何度やっても水平までしか上がらなかった足と尻が、ある時予期しなかったようにクルリと一回転したことだろう。

足と尻は、練習量に比例して少しずつ上がっていくわけでは決してない。上達というのは練習量に比例するのではなく、不連続に起こるものだということを子供心にも認めることができたのではないだろうか。

そして、できなかった時に想像していた逆上がりと、マスターできてからの逆上がりは別物だった。力の入れ具合やタイミングなど、こんなものだろうとイメージしていた通りではなかった。

大袈裟に言ってしまうと、自分がそれまでもがいていたところとはまったく違う世界に到達した気がした。

逆上がりに限らず、スポーツなどでひとつの技術を習得するために反復練習を重ねていくと、マスター

水戸57
15-43

できる時というのは突然にやってくる。と同時に、そこから新しい地平が開けてくる。クルマの運転にも、それはそのまま当てはまるようだ。

「このクルマで初めてサーキットを走った時、目から鱗が落ちる想いがしました。サーキットは、スターレットでレースに出ていたので走り慣れていたのですが、FFとFRでクルマの動き方がこうも違うのかと驚きました」

茨城県石岡市に住む鶴田光浩さん（27歳）は、自分のスカイラインでサーキットを初めて走った時のことを今でもよく憶えている。

「このクルマを買う時には自動車雑誌の試乗記を何本も読んで、操縦性がいいことには納得していたのですが、サーキットを走ってみて初めて、ああ、こういうことだったのかとわかったんです」

鶴田さんはサーキットを走ってみて、初めてスカイラインの真価に触れた。車重が1300kg弱あるにもかかわらず、ヒラリヒラリとコーナーをクリアしながら身軽に走る感覚はそれまでの公道上では体験できなかったものだった。

スカイライン神話と浮谷東次郎

スカイラインの前は、リトラクタブル・ヘッドライトに憧れて親に買ってもらったホンダ・アコードに乗っていた。スカイラインが発表された時期に東京へ出張し、日産のディーラーで現車を目のあたりにした。カタログをもらって帰り、書いてあった〝スカイライン神話〟にグッと来るものを感じた。

40歳以上のオヤジがスカイライン神話にシビれるというのはよくある話だが、鶴田さんのような世代が心動かされるというのはちょっと珍しい。

さらに律儀なことに、鶴田さんはカタログに記されていた〝スカイライン神話〟の詳細を知りたくて、スカイラインについて書かれた本を買ってきて読んでいるのである。本には、S54B型のスカイラインとポルシェ904GTSがデッドヒートを繰り広げたという、〝スカイライン神話〟のもと、1964年の第2回日本グランプリの話が出ている。

昔の日本のモータースポーツについての本などもさらに読み進めていくと、鶴田さんは浮谷東次郎という世を去ったレーシング・ドライバーに魅せられていった。

「著作は全部読みました。チャレンジ精神があって、何でも自分がやろうと思ったことを実現させていくところに共感しながら読みました。親に反対されながらもレースを続けたりするところなんか、自分と重ね合わせて読んでいましたね。僕は、あんなに速くはなかったですけど（笑）」

話が前後してしまうが、鶴田さんがスターレットでレースを始めたのは、スカイラインが理由になっていた。スカイラインで峠道を走りに行ったら、後ろから来たAE86（レビン／トレノ）に煽られ続けてしまったのだ。エンジンの馬力も、クルマの格もスカイラインの方が2つも3つも上だから自分の方が速いはずだとタカを括っていたのである。

「乗せられちゃっていたんですよ。確かに、スカイラインの方がハチロクよりもクルマとしちゃずっと高性能なんですが、その高性能をフルに発揮できる腕が僕にはまだ備わっていなかったんですね」

謙虚な人である。

最高位は4位入賞

謙虚な割りには行動は大胆だった。鶴田さんは、スカイラインのほかに峠専用のスターレットも手に入れて、毎晩のように近くの吾妻山辺りを攻めに行っていたのだ。

しばらくすると、公道でトバすのが危ないことに気付き、また本格的に運転がうまくなりたいので、スターレットでレースを始めることにした。スカイラインは勤めている照明器具製作会社への往復40kmの通勤とほぼ毎週末の筑波サーキットへの往復約120kmの行程に使われた。

峠で磨いたはずの腕も、サーキットでは通用しないということはすぐに露呈した。同じレースに出ている人たちより全然遅く、ラップタイムが上がらなかった。走行ラインの取り方、ブレーキング、アクセル・コントロールなど、みんな駄目で、チームの先輩に教えてもらった。

「自分では理想的な走行ラインを通っているつもりでも、先輩にコーナーから見てもらうと、全然違うところを走っていました。あと、ドラテク本なんかで〝ブレーキングは直線で終えておくのが鉄則〟って書いてあって僕も実行していましたが、ある程度ブレーキングを残してフロントに荷重をかけながら曲がった方が速いということも先輩から教わりました」

金曜日に練習走行を行い、土曜日に予選、日曜日に決勝と1レース毎に自宅と筑波サーキットを3往復する。レースがなくても、個人的に練習走行に通ったり、入っているクラブの練習などでもサーキットに通っていたから、スカイラインの距離は伸び続けた。

レースは5年間続けた。ＥＰ71型（初代ＦＦスターレット）で3年、ＥＰ82型で2年。鶴田さんの出場した東京プロダクションカーレースやグランナショナルスピードカップは28台の決勝グリッドに50台以上のエントリーが集まる激戦レースだ。

2年目に一度だけポールポジションを獲得したことがあった。トップで最終コーナーに入ったのはいいが、気負いすぎて最終コーナーでバランスを失い、クラッシュしてしまった。最高位は3年目に記録した4位。速いドライバーはどんどん上のカテゴリーのレースに移っていき、ほかのドライバーは同じレースを毎年繰り返し、取り残されたようになる。鶴田さんも、昨年一杯でドライバーを卒業した。自宅のガレージには、スカイラインの隣にきれいに磨かれたスターレットが収まっているが、次の持ち主はもう決まっている。

スカイラインには、まだまだ乗り続ける。同じR32型のGT‐Rには一度乗ってみたいとは思っているが、このGTS‐tタイプMにできるだけ長く乗っていたい。鶴田さんは初めてサーキットを走った時の感激をまだ忘れていないから、次の感激を求めて乗り続けている。


日産スカイラインとは?

1989年の5月にデビューした8代目スカイライン(R32型)。GT-Rの影に隠れてしまいがちだが、R32の中ではGTSの評価も高い。2ℓ直列6気筒DOHCを搭載するGTSが155ps、GTS-tはターボチャージャー付きで215psを得た。

「ターボはいきなり効いてくる“ドッカン・ターボ”ですけど、乗り難くはなく、このクルマの味のようなものです」

次のR33型の評価がいまひとつ芳しくない理由のひとつは、5ナンバー枠超の大きく重くなったボディにあるといわれている。たしかに、R32型はスカイラインに昔から求められるスポーツ・セダンというキャラクターに、ギリギリぴったりの大きさだ。

鶴田さんのGTS-tタイプMは、車両本体価格238万5000円にオートエアコンや前後のスポイラーなどのオプションを加え、しめて310万円もした。

「走りは申し分ないのですが、装備品や各部の仕上げがお粗末ですね」

特に、オートエアコンを操作するデジタル表示部分が3年で駄目になり、液晶が消えてしまった。すぐにクレーム扱いでユニットごと交換してくれたが、最近になってまた同じ症状が出てきた。

クルマ椅子とクルマ

服部一弘さんとホンダ・アコード・エアロデッキ（1987年型）

運転席に座るまでの一連の動作

クルマ椅子に乗った人が自動車を運転しようとするときに、どうやってクルマ椅子から自動車に乗り移り、クルマ椅子を自動車にしまい込むのか？

家族にクルマ椅子を利用する者がいるのに、運転をしないからと僕は知ろうとしなかった。誰かが介助してトランクにでも積むものぐらいにしか考えていなかった

介助する人がいたら、その人が運転してくれるかもしれない。ひとりで行動しなければならないから自動車を運転するのだ。

こうやるのですよと、服部一弘さん（34歳）はクルマ椅子で自分のアコード・エアロデッキに乗り込んで見せてくれた。

まず運転席のドアを開け、シートの座面に手を付け、勢いをつけて体を乗せ替える。上体を斜めに届ませ、横にあるクルマ椅子をたたむ。

次に、シートを一番後ろまで下げ、背もたれを倒す。たたんだクルマ椅子を持ち上げながら、自分の腹の上を引きずるように右から左へと、助手席と後席の間に放り込むようにして収める。そして、シートを運転できる位置になおしてやっと走り出す用意ができる。車外に出るときは同じことを逆の順序で繰り返す。

服部さんは一連の動作を苦もなくスピーディに行うが、腕や上半身に力のない人にはとても難しいのではないか。

服部さんのエアロデッキを動かすためには、まずエンジンをかけてシフトレバーをドライブポジションに入れる。加減速はハンドルの左側に突き出ているバーで行う。加速は、バイクのようなバーエンドのグリップを手前にひねれば、エンジン回転が上がり、バーを向こう側に押すとブレーキがかかる。操舵は片手で行うため、ハンドルに取り付けられたボール状のものを握って回す。

服部さんに会った数日後、新しく発売されるホンダ・ロゴのアルマスという身障者仕様車に触れる機会があった。このアルマスの運転席シートの横には手をつく板が折り畳み式で備えられていたから、一人でクルマ椅子をしまうのにはこの方法しかないようだ。

服部さんは11年前にバイク事故で胸椎5番を損傷し、下半身付随のクルマ椅子生活を余儀なくされている。

北米大陸をバイクで1周しようという知人のグループにメカニックとして同行を頼まれ、自らも旅を楽しむつもりで参加した。同行を頼まれたのは、服部さんがバイクショップのオーナー兼メカニックであるのを見込まれてのことだった。

その頃、服部さんは自分のバイクショップを始めていた。2輪車メーカーにメカニックとして勤務後、独立したのだ。

ヤマハの700ccバイクとスバル・レオーネの混走部隊で、ロスアンゼルスから旅が始まった。アメリカ合衆国をほぼ横断し切り、カナダに入国して、事故が起こった。プリンスエドワード島の近くを走っていたとき、バイクを運転していた服部さんは、対向車線から飛び出してきたクルマを避けようとして、路端の杭に激突した。骨の中の神経を傷つけてしまったことによって、胸から下が動かなくなってしまったのだ。

カナダの病院に101日間入院し、帰国してバイクショップを閉めた。

指輪の加工製作業をしている先輩のもとに通って修業し、彫金師として働くことにした。修業には横浜の自宅から東村山の先輩のところに毎日通うので、クルマが必要になり、エアロデッキを購入し現在までの11年間で10万5000kmを走っている。

タクシーも乗りたくありませんでした

クルマを選ぶ際の基準となったのは、何よりもクルマ椅子を出し入れしやすいように、開口部の大きな2ドアということだった。4ドアは自然とドアの横幅が狭くなる。

オートラマ・フェスティバなどもディーラーに見に行ってみたが、小さくて駄目だった。エアロデッキは人気がなくて売れていないということは聞いていたが、ドアが大きな2ドア・ボディだ。

「僕にはカッコよく見えました」

電車とバスを乗り継げば横浜から東村山まで通うことができるが、現実的には朝夕のラッシュのなかにクルマ椅子で乗り込むことは不可能だった。

「こちらがクルマ椅子に乗っていると、運転手に嫌な顔されたりして、タクシーにも乗りたくありませんでした。大阪に行ったときに、はっきりと乗車拒否されたこともありましたからね。83年からの国際障害者年を境に、すこしずつよくなり始めましたけど、まだあの頃は障害者に対して世間は冷たかったんですよ」

エアロデッキは、毎日の通勤に使われた。修業を終え、自宅で指輪やネックレスなどのアクセサリーの製作を始めるようになっても、材料を仕入れに東京御徒町のアクセサリー問屋に行ったり、完成した商品を販売しに方々へ出かけるのにエアロデッキは毎日活用された。

新車で購入して6年目に、背もたれのリクライニング・レバーが折れた。乗り降りのたびに背もたれを倒し、引き起こすのが原因だ。服部さんは、レバーの先端に何かの部品を流用したプラスチック製の玉を継ぎ足して現在まで使っている。

同じように、背もたれのロック機構が壊れて自動的に戻らなくなったので、手で戻して使っている。シートは一時レカロ製を取り付けてみたこともあったが、リクライニングがレバーでなくダイヤルで手間がかかるので、しばらく使って止めてしまった。

「シートは、ラウムのものがよかったですね。ホールド性が高かったのと、背もたれのロックが2カ所で止められるのもクルマ椅子の出し入れに便利でいい」

トヨタ・ラウムの身体障害者仕様車のシートは座面のクッションを取り外すことができる。クルマを運転していて失禁した場合に、はずして洗濯するためだ。

「そういったところも、よく考えられて作られていますね。シートだけ売ってくれないのか、トヨタの人に訊ねたのですが、シートベルトがシートに取り付けられているのでできないそうです」

また、運転席のドアノブ内部のリンケージも1度折れている。

「クルマに乗り込むときに、ドアノブをつかんでクルマ椅子ごと引き寄せるようにして力が加わりますから、それで折れたのではないでしょうか」

エンジンは一度載せ替えている。オリジナルの1・8ℓ4気筒の不調が続き、パワー不足も顕著になってきたので、上級グレード用の2ℓに交換した。修理工場が、パーツ取りとして取って置いたものだった。交換した2ℓもアイドリングが不安定だったが、ヘッドを開けてオーバーホールして今は治っている。

オートマチックトランスミッションも、滑るようになったので、9万km時点で中古利ビルド品と交換した。ホンダ・クリオ店で、約10万円だった。

服部さん流の改造

服部さんのエアロデッキは結構トラブル続きだ。10万km近くになって、前輪のショックアブソーバーが抜けた。純正部品よりすこし安価なカヤバ製を入れた。

「それでも、路面からの振動を拾ってボディはきしむし、もうぼろぼろですよ」

買い換えた方が安上がりなことは、服部さんが一番よく知っている。

「なぜなんでしょうね。どんな不具合でも修理すれば、まず乗れるようになることがわかっているので、直せなくなるまで乗るのでしょうね」

ボディは、5年前に一度オールペイントしている。

トラブルではないが、服部さん流の改造もエアロデッキの随所に加えられている。

板金屋に苦労して取り付けてもらったのがルーフレールで、エアロデッキ純正用品が存在していなかったので、レガシィ用を加工して付けた。

自転車用リアキャリアは、車内に何人か乗せるときにクルマ椅子を取り付けるためのものだ。

車室と荷室を隔てるパーティションネットは服部さんの手製で、家庭用の突っ張り棒を台所用のコップかけネットにタイラップベルトでくくりつけてある。

キャンプなどに出かけるとき、飼っている犬と猫を連れて行くのにそれぞれ車室と荷室で隔てる必要があって作った。

服部さんのエアロデッキは、トラブルも含めてずいぶんと手が入っている。服部さんがいうように、早い時期に買い換えていたほうが経済的な負担は少なくて済んでいただろう。

「直すのも、イジるのも、やっと何もしないで済むようになりましたね。当分乗りますよ。でも、EVが現実的になったら、ローンを組んで、すぐにでも買い換えたいと思っています」

なぜEVなのか。

クルマ椅子に乗るようになってから考え方が変わったからだという。

「それまでは、白分ひとりで生きているんだって肩で風を切っていました。死に損なうと、まわりから自分が生きさせてもらっているんだと思うようになったんです。クルマが必要悪ならば、その悪は少ないほうがいい。だから、EVなんです」

服部さんの言う〝まわり〟とは、人であり、社会であり、自然などのことだ。

ホンダ・アコード・エアロデッキとは？

3代目アコードとともに1985年6月にデビューした2ドアハッチバックセダン。当時のシビックを大型化させたようなロングルーフの2ドア十テールゲート、リトラクタブルヘッドライトというスタイルは、今見ても新鮮だ。このスタイルは当時も大いに話題を呼んだが、販売台数には貢献しなかった。エアロデッキは1代限りで消えてしまったのだ。早すぎたのかもしれない。斬新だったのはスタイルだけでなく、投入されているメカニズムも凝っていた。今では珍しくもない4輪ダブルウイッシュボーン形式のサスペンション、160psの高性能エンジン、0.34という低い空気抵抗係数の空力ボディと、いずれも「当時としては」という但し書きが付くが、新しい技術が満載されていた。その新技術も数値倒れで終わっておらず、良好な乗り心地を始めとする実効を伴う内容を持っていた。
写真は87年型アコードエアロデッキ2.0Si。

服部さんは、現在彫金師のほかにふたつの仕事を持っている。自宅ガレージの半分で中古バイクの販売を、もう半分でカレー屋を営業しているのだ。

「近所に住んでいるバングラディッシュから来た人の家に遊びに行ったら、カレーをごちそうしてくれたんです。それが、いままで食べたことのない種類の味でとてもおいしかった。違いは、小麦粉はいっさい使っていないことで、20数種類のスパイスを調合して、ルーを作っています。作り方を彼に教わって、ここで店を始めました」

なにもEVに乗り換えなくても、今のエアロデッキを乗り続けていることでも、悪を増やしたくないという服部さんの姿勢は十分に貫かれていると僕には思えた。

「戸塚駅の西口が再開発される計画があるのですが、いい店舗が借りられたら、僕にカレーを教えてくれたバングラディッシュ人の友達を店長に迎えて、カレー屋を大きくするつもりなんですよ」

ハンディキャップを背負いながらも、服部さんは3つの仕事をパワフルに進めている。どこにそんなエネルギーが潜んでいるのだろうか。カレー屋のテーブルは、工業用ワイヤーが巻かれていた巨大な木製の芯を横に並べたものだ。店を始めるためにエアロデッキの屋根に積んで、もらってきた。

「手間」と「大変」が大好き

柄澤昌雄とホンダ・ライフ（1972年型）

「野ざらしお願いね」

江戸時代から道幅が変わっていない路地と路地が交差する一角に柄澤昌雄さん（57歳）のご自宅はあって、ホンダ・ライフはちょうどその角にあたる軒下に停められている。

柄澤さんは、東京の目白台で「藍一から澤」という屋号をもつ染色呉服屋さんで、ライフにはじつに26年、44万4000km乗っている。もう1台、スバル・レックスももっていて、クーラーの付かないライフと交代で使っている。両方とも軽自動車なのは、柄澤さんの使い途がそうさせているのだ。

「職人さん、あたしはアーチストと呼ばせてもらっているんですけどね、アーチストやお客さんのところへ大事な着物を届けたり、受け取ったりするのにクルマを使っているんですよ。汚したり、雨に濡らしちゃいけないから、アーチストやお客さんのお宅の軒下までクルマで付けたいんですよ。大きなクルマじゃ、それができないでしょう?」

3メートルを切る全長は、たいがいの路地に入っていける。その代わり、ついつい長居してしまって

藍一から淳

駐車違反の切符を切られてしまうこともある。

染色呉服屋と書いたが、柄澤さん自信は着物の製作作業は行わない。対面販売をする店舗もない。顧客の希望を聞き、絵師に下絵を描かせ、それを元に模様師に図柄を描いてもらって、白生地からいろを染めさせる。生地ができあがったら縫わせ、帯や羽織などの見立てまで行うこともある。「お客さんがイメージしているものを、いかに着物の形にできるか。その完成度をすこしでも高めるのが仕事です」

柄澤さんと顧客の間には中間業者は一切存在せず、どんな場合も1対1で対応して仕事を進める。戦前の高級車が、顧客の注文によるワンオフのスペシャル・コーチワーク・ボディを架装していたのと同じくらい贅沢な造り方をしている。柄澤さんの役割は、顧客の総合コーディネーターなのだ。

大切なことは、顧客とどこまで気持ちを通じ合えるかだ。柄澤さんが僕らに見せてくれた下絵のなかに、草っ原に髑髏がころがっている絵があった。ある歌舞伎俳優の顧客が紋付きの裏地の絵として頼んだものだ。

その歌舞伎俳優は柄澤さんに細かく指定したりはせず、裏地をどうしましょうかという柄澤さんの求めに、ひとこと「野ざらし」のなかで髑髏が草っ原にゴロリと転がっているシーンを図案化せよということをワンフレーズで伝えたわけだ。柄原さんとしては、「野ざらし」が何であるか、それのどこのシーンをどういう風に図案化しろと顧客が求めているのかをわかっていないとできない。そこまで達するには、相当の密度と頻度でコミュニケーションを重ねなければならないだろう。

言い換えれば、気持ちを通じ続ければ、まさに阿吽の呼吸に達することができるのである。僕は髑髏の下絵を見て、サービス業のひとつの究極の姿をみた想いがした。

「〝手間〟と〝大変〟は、大好き」

着物のように型が決まっていて、約束ごとの多い世界でも、いや約束ごとが決まっているからこそ、創意と工夫を発揮する余地があって、そこが腕の見せどころだと張り切るのが柄澤さんという人なのである。

着物の世界であっても今では柄澤さんのような仕事の進め方をする人は減り、それのよさがわかって求める顧客もいなくなってしまったという。

「こういう形態は、そのうち滅びてしまうんじゃないでしょうか」

オートバイから着物のアイディアが浮かぶ

18歳で日産がノックダウン生産したオースチンA50ケンブリッジ・サルーンを買ったのが初めてのクルマで、その後P311型のブルーバードに乗り換え、都内の道路が混雑し始めてきたので小さなホンダ・カブ号に乗って以来、いまでも61年型のBMW・R69Sに乗るライダーだから、エンジンがよく回って活発に走るクルマが好きなのである。着物とモーターサイクルという対照的な組み合わせが面白い。

「着物を扱っているからといって美術品ばかり見ていてもダメなんです。オートバイのような対極にあるものをやると、いいアイディアが浮かぶものなんです」

R69Sをガレージから出して見せてもらうと、柄澤さんはツーリングに行くときの服装にわざわざ着替えてくれた。マメで人のために何かをして喜ばせるのが本当に好きな人だ。

「このN360以来ホンダ党になりました。95から100km／hで走っているときの金属音が好きなんですよ。あれは、音楽のようなものですからね。ホンダのエンジンは上まで回して馬力を出しますから、2000kmで1回エンジン・オイルを交換しています。フィルターは1万から1万5000kmかな」

2000kmでオイル交換とは神経質に聞こえるが、長距離を走らないから妥当なところだろう。都内で発進と停止を繰り返していたらエンジンの負担は大きくなるから、オイルは早めに交換したほうがよい。

「エンジン音を聞いて、自分の体の調子を確かめるように、クルマの様子も気にしていますよ。どっかヘンだなと想って工場に入れると、症状が出ないって言われることって多いんですよ。そんなときは、だいたい2、3000km後になってようやくメカニックは気づきますね」

上代から内容が決まるクルマなんて……

職人や顧客に対するのと同じように柄澤さんはライフに接している。クルマに感情はそなわっていないが、人と気持ちを通じ合わせようとするかのように、クルマのコンディションを探りながら乗っている。そういう乗り方が、トラブルの拡大を未然に防ぎ、今日までライフの寿命を延ばす一因となっているに違いない。

「以前は白子町のホンダ技研和光工場に古いクルマを専門で整備するセクションがあったのですけれども、今は社員のクルマしか修理を受け付けなくなったと言われたので、神田の花村モータースで車検整備や修理をお願いして、よくやってもらってます」

26年間でもっとも大きなトラブルは、コンロッド・メタルが割れたことだった。

いま一番気をもんでいるのがキャブレターで、スクリューのネジ山が減ってきてフロートがうまく差動しなくなっている。ホンダではとっくに生産中止、在庫切れになっているので、往生していた。

「福島県のメーカーが造っている今様のキャブレターがこのクルマに使えるってんで、発注したところです」

床が錆びて自分の足が出るようになっても乗っていたいと柄澤さんは言うが、ライフやレックスに満足しているわけではない。

「スバルのセールスマンによく言うんですよ。『どうして軽自動車って、こんなものしかできないんだ』って」

動力性能は現状でいいから、安全性や使い勝手、内外装の仕上げを向上させた、２００万円ぐらいの軽を造れば柄澤さんはすぐに買うし、きっと売れるだろうと提言しても、セールスマンは頷かなかった。

「小売りの上代《じょうだい》から内容が決まるクルマじゃなくて、自分たちが考える理想の軽を１回でいいから造ってみてくれ。よかったらすぐに買うつもりなんですがね」

メルセデス・ベンツのＡクラスにはとても興味があると言っていたが、Ａクラスは横幅がありすぎるのではないだろうか。ライフで通れても、Ａクラスでは無理な路地が東京にはたくさんある。

ホンダ・ライフとは？

ライフは、1968年から生産していたN300に代わってホンダが71年に送り出した軽自動車。N360が空冷４ストローク２気筒エンジンで前輪を駆動し、360ccで最大36psを発生する高性能エンジンを売り物にしていたのに対し、ライフは横置きエンジンによる前輪駆動というレイアウトに変化はないが、エンジンを水冷２気筒に一転し、カムシャフト駆動もチェーンから国産車初のコッグドベルトを用いた。それによって騒音と振動を低減し、高性能よりもシティ・ラナバウトとしての使い勝手と快適性を向上させた。ライフ登場の背景には、アメリカのマスキー法に端を発した排ガスのクリーン化への規制があった。この頃のクルマは、まだ有鉛ガソリンを使っていたが、排ガス規制では無鉛ガソリンを使用しなければならないことになったので、柄澤さんのライフはエンジンヘッドのバルブシートに対策を施され、現在の無鉛ガソリンでも走れるようになっている。時代を感じさせられるのは、ライフのフェンダーミラーだ。この時代のクルマはすべてフェンダーミラーを装着していたが、柄澤さんはドアミラーよりもフェンダミラーの方が見やすいという理由から、レックスもフェンダーミラー仕様車を注文している。
ライフには改造は施されていないが、唯一付け加えられているのがメルセデス・ベンツ用のダブルホーンだ。小さなライフの大人しいホーンだと気付かれないことが多かったので、大きな音のするダブルホーンに取り替えた。

謙虚さが個性

湯浅洋子さんとトヨタ・カルディナ（1994年型）

対極の夫婦!?

夫婦というのは時を経るごとによく似てくるといわれる。でも、湯浅敬三さんと洋子さん夫婦に会ったときには、似てこない夫婦というのもあるのだなと思った。

なぜならば、敬三さんは現在2台目のベントレー・ターボRの納車を待っているところで、ほかにポルシェ911も大事にもっているほどのエンスージアストなのに、洋子さんはトヨタ・カルディナを3年間で11万km以上も乗ってしまっているのだ。車種と乗り方だけを聞けば、エンスージアズムとは対極にいる人に見えてくれる。

敬三さんは、BMWかアウディのワゴンに乗ったらどうと勧めたこともあったが、洋子さんはずっと国産車、それもカルディナの前はグロリア、レガシィGTとワゴンを乗り継いだ。なかでもいま乗っているカルディナは飛び切り気に入っているようなのだ。

「こっちがいくら押し付けても、彼女が嫌いなら駄目ですからね」

しかし、洋子さんがクルマにまったく興味がないのかというとそうではなく、以前に敬三さんがもっていたロータス・エランは気に入っていて、今でもまた乗りたいと思うことがあるのだった。

洋子さんお手製のサンドクーヘンと焼き林檎をいただきながら二人の話を聞き始めようとすると、部屋のあちこちにウマと一緒に写っている写真が飾ってあるのが目に付いた。

乗馬服を着た少女が障害物を乗り越えている瞬間を捉えたモノクロームのパネルは、洋子さんの小学校時代のものだという。

家族4人といま乗っている12歳のリピッツァ種という白馬とで写した写真が最新だった。

湯浅家の子供たちはふたりともスポーツで身を立てようとしているところで、2年前に16歳でドイツに留学した息子は今年イギリス・ウェールズのプロサッカー・チームに入った。高校生の妹は、プロの騎手になるべく修業している。頼もしい。

洋子さんがカルディナを3年間で11万kmというハイペースで走らせているのは、主に馬に乗るために馬場に通っているからだった。

以前は埼玉県の入間、現在は千葉県柏の乗馬クラブへ時間が許せば毎早朝、いずれも往復約100kmの道のりを運転している。

プレミアム・ガソリンは不経済

洋子さんがカルディナを気に入っているのは、まずボディの大きさが頃合いなことだ。

「大きすぎず、小さすぎず、いいですね。何車線かあるような幹線道路で車線変更しながら走るようなときに、走りやすい」

次なるカルディナの美点は、燃費が良好で偏りがないこと。一般道と高速道路を交互に走って9km／ℓ台。高速道路が主体の場合が10km／ℓ台で、最高出力は11・5km／ℓ走ったこともある。

ただ、1ℓで何km走るかという数値も大事だが、特に敬三さんはカルディナがレギュラー・ガソリンを使っていることを重視している。1ℓあたり20円前後高く、場所によっては置いていないガソリンスタンドもあるプレミアム・ガソリンは、不経済以外の何者でもないという見解には確固たるものがある。そこには、好きなクルマならプレミアム・ガソリンでもいいヤという甘さがない。

長距離を走る人にとって、使用するガソリンがレギュラーかプレミアムかの違いは大きい。レギュラーを使うクルマを選ぼうという姿勢は、真剣に無駄な維持費の軽減を考えている人ならではだ。

結局、レガシィのステーションワゴンに乗るのをやめたのも、6km／ℓという燃費値事態の悪さとプレミアム・ガソリン指定のクルマだったということが大きい。

そして、洋子さんのカルディナは徹底して丈夫なのである。壊れないのだ。

カルディナの〝記録係〟でもある敬三さんに訊ねると、新車から現在までのうちで起きたトラブルのもっとも大きなものは、ボンネットのステーとボディ側で支えているプラスチックのクリップが割れたことと、窓ガラスがドア内部で外れたことぐらいだった。この人も、整備と給油の記録をきちんと残してある。

窓ガラスが外れたのは走行10万kmを超えてからのことだったのに、トヨタのディーラーではクレーム扱いとして無料で修理してくれた。

クレームといえば、敬三さんと洋子さんはトヨタの対応のよさというか、寛容さにちょっと驚いている。保証期間内にトラブルが発生した場合に受け付けるのがクレーム処理だとばかり思っていたのが、トヨタのディーラーでは保証期間を過ぎていても無料でなおしてくれたことがこのほかにもあったのだ。

7万8378kmで前輪のショック・アブソーバーを交換しようとトヨタに持ち込んだところ、「クレーム扱いで前後4本取り替えておきますよ」とフロント万の方から申し出られてしまった。

「あれには驚きました。走行中のボディの上下動の収まりが悪くなってきたので、トヨタ純正のショック・アブソーバーでいいから前2本だけ取り替えようかって持っていったんですけど、4本ともクレームでいいなんて。それでもトヨタって会社はあんなに儲かっているんですから、良心的っていうか、なんていうか、スゴいですよね」

バッテリーもいま使っているのが2個目。新車から付いてきたトーヨー・タイヤも、4本とも6万km保った。

8万km時点で、念のためにファンベルトを交換したいと伝えても、トヨタのフロントマンは「亀裂も入っていないし、まだ大丈夫ですよ」と使い続けようとするので、こっちから頼んで交換してもらったほどだ。

ほかに、トヨタが製造したのではない部品だが、唯一のトラブルといえば標準装備のCDプレーヤーが故障して、ディスクを再生しなくなったこと。

「馬場は土埃が多いので、CDプレーヤーのレンズが汚れちゃったようですね」

過ぎた主張をしないよさ

燃費に優れ、故障しないというのは、なにもカルディナに限ったことではない。現代のクルマであれば、それも中・長距離主体の乗り方をしていれば、ある程度当然のことだ。だが、敬三さんはそういう僕の見解にはすぐには同意しなかった。

「デイリー・メインテナンスをしっかりしていれば、壊れないんですよ」

その役目はもっぱら敬三さんで、エンジン・オイルやベルト類のチェックなど、ごく基本的な点検を怠らないようにしている。トヨタの工場で点検整備を行うのも、1年に1度の法定点検のほかに、1万kmに1回励行している。

「たとえば、サービス・マニュアルではエンジン・オイルの交換時期の指定は1万5000kmになっているのですけれど、そのときのオイルがどう汚れているのかを想像すると、恐ろしくてとてもその通りにはできませんね」

サービス・マニュアルの指定というのは、かなりの悪条件下でクルマを使った場合にも所期の性能を発揮できることをメーカーが保証しているのだから、敬三さんはすこしばかり用心深いのかもしれない。ベントレーの前にBMW733に乗っていたときには3000kmごとにエンジン・オイルを交換していたというから、エンジン・オイルの消耗に関して細心の注意をする人なのだ。

階下のガレージからカルディナを出して見せてもらうと、メインテナンスが行き届いている様子がわかった。ボディがきれいにされているのと併せて、エンジン・ルームもまるで新車のときのように掃除されているのだ。

「洗車するときに、エンジン・ルームもちょっと拭いてやるんですよ。そのときに、異常なども見つけられますし。汚くしていると、気にしなくなります。これは、以前勤めていた会社の社用車の運転手から教わったことなんです」

乗馬用のサドルやブーツを運ぶので、トランクも汚れているのだろうと想像したのも大きく外れ、実にきれいだった。

「彼は、マメなんですよ」

そう言って、洋子さんは敬三さんにカルディナのメインテナンスを任せている理由のようなものを語った。

「馬に乗りに行くのに、片道50km、それぞれ約2時間ずつかかるのですけど、あまり運転やクルマそのもののことを考えずに、〝気が付いたら家に着いていた〟というくらい神経を遣わなくて済むクルマがいいですね。カルディナが、まさにそうなんです。毎日、ある程度の距離を乗るのに、これって必要なことなんですよね」

クルマに興味がないからとか、維持費がかからないのなら何でもいいという消極的な理由ではなく、洋子さんは積極的にカルディナに乗って満足している。

「乗る者が求めていることすべてこなすけれど、過ぎた主張をしない。このよさ、この謙虚さっていうのをみんなにわかって欲しいな」

クルマとしての主張にあふれている911やターボRに乗る敬三さんも、洋子さんの言うことはよくわかっている。

「〃トヨタに個性がない〃って、よく言われますけど、個性が薄いのがトヨタの個性なんですよ」

乗っている車種だけでは似ていない夫婦に見えた湯浅さん夫婦だったが、ことカルディナの評価に関しては、このようにとてもよく似ているのだった。

そして、国産車が壊れにくいということは全否定できないが、持ち主の黄の遣いようによっては、さらに丈夫で長もちするのである。湯浅さん夫婦に会って、そんなことを考えさせられた。

トヨタ・カルディナとは?

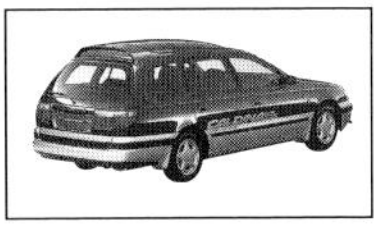

カルディナは、トヨタのミドル・レインジを担うステーションワゴンとして1993年に登場した。それまでのカリーナ・サーフというワゴンの後継車として位置付けられ、スプリンター・カリブとマークIIワゴンの間隔を埋める。

ベースとなったのは当時のコロナで、エンジン、サスペンション、インテリアなどは基本的に共通だ。エンジンは1.8ℓと2ℓのガソリンに、ディーゼルがあった。湯浅さんのCZは、2ℓ。1.8ℓの方が排気量が小さい分燃費が良いかもしれないが、ふたりともアクセル・ペダルをどちらかというと多めに踏む運転なので、2ℓにした。

カルディナの前に乗っていたレガシィは、GTという200psもあるターボ・エンジンを搭載していたので、1.8ℓだとアクセルをより踏み込む運転になってしまい、結果的に燃費を悪くしてしまうことになるかもしれないからという理由によるものだ。

湯浅さんのカルディナの屋根がポコンと膨らんでいるのは、「スカイキャノピー」という仕様だからだ。滴型に透明の屋根が膨らんでいる。

「誰かとクルマで待ち合わせる時に見付けられやすくって便利なんですよ。“カマボコみたいな屋根”とか“西洋のお棺”って伝えておけば誰でもすぐにわかりますから」

ただ、スカイキャノピーのシェードを開けて走れるのは真冬ぐらい。直射日光に照らされて、車内が暑くなってしまうのだ。「あとの効用は、雨の日に子供たちが滴が落ちてくる様子を面白がって見ているぐらいですかね」

あとがき

影響を及ぼし、及ぼされる

インターネットや携帯電話の威力なのだろうか。「10年10万キロストーリー」の連載を再開したら、すぐにたくさんの反響がメールで寄せられた。再開第1回目が掲載された『NAVI』が発売されたその日のうちに、百通近くのメールが編集部に送られてきたのだ。「大好きだった10年10万キロストーリーが復活して、うれしいです」「連載が終了した時には、『NAVI』の購読も止めたほどです」「私も、一台に長く乗り続けています」

パソコンからのメールにはクルマと自らの暮らしぶりなどについてが詳細に綴られ、携帯電話からメールには簡潔な文面が記されていた。いずれも、連載の再開をわがことのように喜び、一台を長く乗り続けている人を紹介してくれていた。書き手冥利に尽きるとはこのことで、僕は大いに感激した。書き続けてきた連載記事の再開を歓迎してくれている人たちが、こんなにいるなんて。以前に連載していた時にだって、こんなに大きな手応えはなかった。もしかしたら、存在していたのかもしれないが、今回、それが電子メールという、気持ちを伝えやすい手段が生まれたことで、多くの人たちと通じ合えることができた。メールだけでなく、手紙やファックシリもたくさんもらった。いずれも、一台のクルマを長く乗り続けることへの共感がしたためられていた。

10年間で120回の連載が終了してから6年が経過して、時代は確実に変わった。以前は、一台に10年や10万キロも乗り続ける行為自体が珍しく、特別なクルマ好きのことと思われていた。だが、今では、気に入ったクルマに乗り続けることは当たり前のことになった。〝LOHAS =Lifestyle of healthy and sustainable〟や〝持続可能な社会〟などといった考え方がもてはやされるような時代になって、結果的に〝気に入ったクルマを長く乗り続けること〟が特別視されなくなり、広まっていったのだろう。

もちろん、メールや手紙をくれた人たちは、別に時代のことなんて意識していない。ただ、気に入っているクルマに乗り続けているだけだ。時代の方が、あとから追い付いてきたといっていい。

6年ぶりに取材を再開してみて、こちらの見方にも少しだけ変化が生じた。以前は、10年もしくは10万キロ以上乗り続けるためには、どんなクルマに、どう手入れを施しながら乗り続けているかという視点を第一に据えて取材を行っていた。

ところが、再開してからは、そういった点を抑えつつも、なぜ乗り続けているのか、乗り続けることがその人の暮らしにどんな影響を及ぼしているのかをつねに考えながら、インタビューを行うようになった。

クルマは持ち主の人格と暮らしぶりを如実に物語っていることに気づいたからだ。長く乗り続けるうちに、持ち主の身の上には、さまざまなことが起こる。それによってクルマを乗り換えてしまう場合もあるが、乗り続けているのには何かしら理由が存在しているはずだ。いずれにしても、持ち主はクルマに影響を及ぼし、同時にクルマもまた持ち主に影響を及ぼし返しているのである。

乗り続ける理由を自覚している人ばかりではなく、訊ねられて改めて自問自答している人もいる。僕は、その理由を、クルマの側からと持ち主の側から両面から考えるようになった。再開前後で文章のタッチが違っているのはそのせいだ。

こうして4冊目の単行本にまとめるにあたって、取材させてもらった人たち全員に連絡を取ってみた。同じクルマに乗り続けている人も入れば、買い替えた人もいた。「もし買い替えるならば、コレ」と、希望していたクルマに乗り換えられた人のうれしそうな声が印象的だった。なかには、お亡くなりになった方もいた。引っ越しをされたのか、連絡が取れない人もいた。もしこれを読まれたら、編集部にご一報いただきたい。

連載の再開と単行本化では、『NAVI』の青木禎之さんのお世話になった。改めて、お礼を述べたい。

（2007年3月／金子浩久）

特別寄稿

そっと観察して

ここに添えられた写真がどんな手順で撮られたか、お話しします。

自薦他薦、ときには街で見かけた「それっぽい車」に、置き手紙をしたりして取材する方が決まると、先方と金子浩久氏と私のスケジュールの合う日取りを決めます。試乗会などで、海外出張の多い金子氏とのやり取りはほとんどの場合、メールのやり取りで済ませます。

取材当日。東京から距離があったり、連休などで車の混雑が予想される時は電車で、そうでなければ金子氏の運転する車で現地に赴きます。私の機材車が、約20年落ちのシトロエンCXだったころは、それで行くこともありましたが、機材車を30年落ちのメルセデスに変えてからは、暗黙の了解のように金子氏の車で行くようになりました。途中で止まったりすると、取材の約束に遅れるから、とは双方とも口にしませんが、おおよそそんな事情です。

道中、近況を話したり、本日の取材対象の方の事を話したりして現地につくと約束の時間に余裕があれば、食事をとったりして取材に備えます。

すこし迷ったりしながら、取材先に着くと、挨拶もそこそこに取材が始まります。メールや電話などで前もって取材の下準備をしているせいでしょうか、金子氏と取材相手との間は、初対面とは思えないような様子でとてもスムーズに話が進みます。

取材相手の方は、たくさんの話したいことを10年10万キロ分抱えていて、それを一気に吐き出すのですから、盛り上がらない訳がありません。その様子を横で見て、ときには話に加わりながら私なりの撮影の準備を始めます。

「この人は、どんな人でどんな風に車を愛しているか」

それをそっと観察して、それを表すには、どこでどういう風に撮ればいいかを考えます。

最近は、うかがったご自宅や仕事場など、取材相手の生活のにおいのする所で撮るようにしています。すこし離れて広場などで撮るのもありですが、生活に密着した場所で撮ることによって、よりいっそう車と人との関係が表れるように思うからです。

場所を定めると成り行きでシャッターを押していきます。ことさら演出はせず、特別な注文も付けず、相手任せにシャッターを切っていきます。そうするうちに、「あ、撮れた」と思う瞬間がきて、そこで〝人と車の2ショット〟の撮影は終わります。好きな車といっしょの2ショットなのでそんなに注文をつけなくても、何となくいい感じに撮れます。好きなカワイイ女の子と一緒に撮るようなものです。

そして、経年変化を感じさせられる車両の部分撮影や、オーナーの性格の一端をかいま見れるような部分。たとえばガレージに転がってる過剰なまでの工具や、車に積みっぱなしの仕事の道具など、それがあるから10年10万キロ乗ったんだろうと思わせるような、箇所を探し撮っていきます。

新車を紹介する写真の場合、場所や角度など決まりごとがあって、それに準じて撮りますが、この仕事はそうした決まりごとがないので、撮りどころの予想もつかず、もしかしたら自分が感じている以上に難しい仕事なのかもしれません。

でも、「車の撮影」って思わずに「愛し合う2人のツーショット」と思えば、案外うまく撮れていたりします。それがあまりに濃密すぎるときは、少々あてられて、妙な疲労感を感じたりすることもありますが。

微笑ましい2人の間に流れる空気を変に力まず自然に写せたらな、と考えながら仕事をしています。写真からすこしでもそれを感じ取っていただけたら、うれしいかぎりです。

（２００７年3月／カメラマン）

金子浩久
KANEKO Hirohisa

1961年東京生まれ。
クルマと同じぐらい強烈に、クルマ社会を成り立たせている社会、人間、文化、風土、
風俗などに興味と関心を抱き続けている。
クルマでヨーロッパに行ってみたくて、
2003年夏に旧々型トヨタ・カルディナでロシア経由でポルトガルまで走った。
その時の紀行文『ユーラシア電走日記』は、webCG（www.webcg.net）の
アーカイブサイトで読むことができる。
『10年10万キロストーリー』（二玄社/1から3巻まで既刊）以外の著書は、
『セナと日本人』（双葉社）『地球自動車旅行』（東京書籍）
『ニッポン・ミニ・ストーリー』（小学館）
『レクサスのジレンマ』（学研）『力説自動車』（小学館）など。

10年10万キロ ストーリー 4

初版発行	2007年4月5日
著者	金子浩久
発行者	黒須雪子
発行所	株式会社二玄社
	〒101-8419
	東京都千代田区神田神保町2-2
営業部	〒113-0021
	東京都文京区本駒込6-2-1
電話	03-5395-0511
URL	http://www.nigensha.co.jp/
装幀	泰司デザイン事務所
印刷	株式会社双文社印刷
製本	牧製本印刷株式会社

ISBN978-4-544-04347-1